TRUPPENDIENST-Taschenbuch
Band 43A

7610-85343-01-0901

Herausgegeben von der
Arbeitsgemeinschaft TRUPPENDIENST des
Bundesministeriums für Landesverteidigung, Wien

ISBN 3-901183-38-8

Redaktion: Major Gerhard Krejcirik
Chefredakteur: Brigadier Dr. Horst Mäder

Brigadier i. R. Manfred Flödl

Taktik und Ausbildung I

Führungsvoraussetzungen

AV-Druck plus GmbH, Wien

Redaktionsschluss: November 2001

Druck: Druckerei Herold. Verleger: AV-Druck plus GmbH, beide A-1030 Wien, Faradaygasse 6.

Vorwort

(1) Konflikte der Gegenwart und der jüngeren Vergangenheit zeigen Formen des militärischen Einsatzes, welche zum nicht geringen Teil taktischen Grundsätzen widersprechen, die früher einmal Gültigkeit hatten oder die zur Zeit des Kalten Krieges erwartet wurden.

Nicht selten zeigen sich diese militärisch ausgetragenen Konflikte, ausgenommen der Golf-Krieg, in einer Art, die auf mangelhafte militärische Planung schließen lässt. Zum Ausdruck wird dies gebracht durch:

- kein erkennbares Zusammenwirken von Kräften;
- Kleckern anstatt Klotzen;
- Missachtung von Einsatzgrundsätzen der leichten und schweren Waffen;
- schlechte militärische Ausbildung;
- bandenähnliches Verhalten unter Missachtung der Genfer Konvention und der Landkriegsordnung.

(2) Der Sicherungseinsatz an der EU-Außengrenze, aber auch UN-Aktivitäten und die oben angeführten Verhaltensweisen verleiten nicht allein die Politik, sondern auch einzelne Militärs zu falschen Vorstellungen über einen konsequent geführten Krieg.

Der Autor macht es sich zur Aufgabe, militärisch ausgetragene Konflikte, wie sie sich darstellen könnten, und deren ausbildungsmäßige Voraussetzungen, dem Leser näher zu bringen.

Der Inhalt bezieht sich nicht auf die momentane außenpolitische Lage, sondern kann im Zusammenhang mit militärischen Aufgaben im Rahmen der EU, NATO oder UN gesehen werden.

(3) Dieses Taschenbuch ist kein Vorschriftenersatz, sondern als eine Ergänzung zu den militärischen Vorschriften anzusehen. Voraussetzung für das Verstehen ist die Kenntnis von

- Vorschriften für den taktischen Einsatz der Truppe,
- Vorschriften für die Ausbildung an Waffen und Gerät sowie
- Unterlagen für die Planung und Durchführung der Versorgung.

(4) Es werden Einzelheiten dargestellt, welche für den Einsatz von wesentlicher Bedeutung sein können. Dabei geht es um

- taktische Maßnahmen und
- Eigenheiten des Waffeneinsatzes sowie
- Möglichkeiten der Ausbildung.

Diese Details werden manchmal übersehen oder als übertriebene Genauigkeit abgetan. Sie geraten damit in Vergessenheit. Die Folge kann eine oberflächliche Ausbildung und ungenügende Einsatzvorbereitung sein.

(5) Die Militärischen Begriffe (MiB) sind in einer Phase der Neuordnung und Umgestaltung. Da dieser länger dauernde Prozess in den Redaktionsschluss des Taschenbuches fällt und die Aufteilung der Begriffe in das neue „Militärlexikon" und die „Führungsbegriffe" noch in Arbeit ist, werden im Taschenbuch die Definitionen mit dem Kürzel „Militärlexikon" (MilLex) gekennzeichnet.

Die Führungsbegriffe werden einen gebundenen Auszug aus dem künftig elektronisch verfügbaren Militärlexikon darstellen, der mit den Handakten mitgeführt werden kann.

(6) Zu den im Text angesprochenen leichten Panzerabwehrrohren sei bemerkt, dass an eine armeeweite Neubeschaffung höchstwahrscheinlich nicht gedacht wird, für die Spezialaufgaben des Heeres (z. B. Kosovo-Einsatz u.ä.) im kleineren Rahmen aber sehr wohl.

Unsere Soldaten verdienen es, gut ausgebildet zu werden; schließlich ist gute Ausbildung die Voraussetzung für

- den Erfolg im Einsatz und
- das Überleben im Gefecht.

Das Kapitel „Einsatz der Fliegerabwehrwaffen“ wurde freundlicherweise von Herrn Oberst Kurt Gärtner, Fliegerregiment 3, verfasst.

Speziell möchte ich mich noch bei einigen Personen für die Mitarbeit am vorliegenden Werk bedanken, insbesondere bei den Herren Brigadier Siegfried Wieser, Oberstleutnant Manfred Künl und Vizeleutnant Kurt Reiter für die Durchführung der Lektor- und Revisionsarbeiten. Ein besonderer Dank gebührt Herrn Heinz Peter Rizzardi für die gelungene Ausfertigung der Skizzen und Grafiken in diesem Buch.

Mein Dank gilt auch Herrn Oberst i.R. Alois Fink, ehemals Kommandant des Vorschriften- und Versuchsstabes der Jägerschule, Herrn Oberst i.R. Hans Zehetmayer, ehemaliger Kommandant des Brigadeartilleriebataillons 4, und der 4. Jägerbrigade, welche das Manuskript kritisch überprüften. Weiters danken möchte ich dem Militärkommando Oberösterreich, dem Jägerregiment 4, dem Jägerbataillon 15 und den Kameraden meines ehemaligen Brigadestabes.

Das Taschenbuch „Taktik und Ausbildung“ erscheint in drei Bänden, wobei sich im Anhang von Band 43A eine Übersicht des Inhaltes der Bände 43B und 43C befindet. Band 43B erscheint voraussichtlich Anfang 2002, Band 43C spätestens in der zweiten Jahreshälfte 2002.

Linz, 2001 Brigadier i. R. Manfred Flödl

Vorwort der Redaktion

In Zeiten von Umstellungen und Veränderungen in der Aufgabengewichtung für das Bundesheer stellt sich die Frage des Bedarfs von Ausbildungsinhalten, wie sie in diesen drei Bänden dargestellt werden. Neu für das Bundesheer sind „auslandsorientierte Aufgaben“, das gesamte Einsatzspektrum der „Petersberg-Aufgaben“: Peacekeeping, Humanitarian and Rescue Tasks und Tasks of Combat Forces in Crisis Management including Peace Making.

In den Weisungen für die „Ausbildung für auslandsorientierte Aufgaben“ ist jedoch festgehalten, dass diese auf der Ausbildung des Österreichischen Bundesheeres für die Zwecke des WG 1990 §2 Abs.(1) lit a)-c) aufbauen. Es darf also nicht übersehen werden, dass der Bedarf für die nationale Verteidigung unverzichtbar bleibt. Die Basis ist unsere herkömmliche Ausbildung. Es werden auch in Zukunft „voll ausgebildete Soldaten“ und nicht nur „Peacekeeper“ benötigt. Das Wissen und Können des „militärischen Einmaleins“ ist unverzichtbar. Und genau das vermitteln die drei Bände „Taktik und Ausbildung“. Die ergänzenden Ausbildungsinhalte für auslandsorientierte Aufgaben werden Stoff für weitere Taschenbücher sein.

Wien, 2001 — Brigadier Dr. Horst Mäder

Inhaltsverzeichnis

1. Gedanken zum „Großbetrieb Militär“

Es ist üblich, Verhaltensnormen so darzustellen, dass der zuständige Personenkreis erfährt, welches Verhalten man von ihm erwartet. Wir wissen aber auch, dass trotzdem ein Fehlverhalten eintritt. Das ist auch der Grund, warum in diesem Kapitel von den üblichen Gepflogenheiten des Führungsverhaltens abgegangen und auch Negatives dargestellt wird.

Die hier aufgelisteten Grundsätze oder Verhaltensweisen sind natürlich in der Regel keine militärische Eigenheit, sondern auch im zivilen Bereich bekannt, kommen auch dort vor und werden auch dort angewendet.

1.1 Führung

1.1.1 Was wird erwartet?

Die wichtigste Aufgabe von Vorgesetzten oder deren Stäben besteht darin, die Truppe in der Ausbildung zu unterstützen, um die Einsatzbereitschaft zu erhöhen.

Die Truppe ist zu führen und nicht nur zu verwalten.

Verwaltung und Versorgung haben der Truppe die Grundlagen für die Ausbildung zu schaffen.

Disziplin, Genauigkeit und Schnelligkeit sind die Voraussetzung für den militärischen Erfolg.

Ein ***geordneter Dienstbetrieb*** ist die Voraussetzung für eine erfolgreiche Öffentlichkeitsarbeit.

Disziplin und Ordnung sind die Grundlagen für das Zusammenleben in der militärischen Gemeinschaft. Die Basis dafür ist die Einhaltung der Spind- und Zimmerordnung.

Abb. 1.1: Disziplin, Ordnung und Sauberkeit müssen auch unter feldmäßigen Bedingungen eine Selbstverständlichkeit sein.

1.1.2 Was ist schlecht?

Verwaltung und Versorgung dürfen nicht zum Selbstzweck degenerieren.

Nachlässigkeit ist die Vorstufe des Misserfolges.

Selektiver Gehorsam ist eine Folge von Überforderung.

Trunksucht ist eine Krankheit, die nicht mit Nachsicht oder Verschweigen, sondern nur durch konsequente Vorgangsweise und Null-Toleranz geheilt werden kann.

1.2 Kommandant

1.2.1 Wie der Kommandant sein soll, und was von ihm erwartet wird

> ***Kommandant darf nur der werden, der die moralische und fachliche Kompetenz besitzt.***

Korrekte Kommandanten bieten keine Angriffsfläche.

Ein Vorgesetzter muss im und auch außerhalb des Dienstes ***Vorbild sein.***

Wichtig ist ***die weiße Weste*** des Kommandanten.

Abb. 1.2: Als die Truppe am Schießplatz eintraf, herrschte Ordnung. Im Laufe des Schießens hat dann jeder seine Waffe und Ausrüstung, ohne Ordnung zu halten, abgelegt. Dieses Bild ist der Beweis mangelhafter Dienstaufsicht und der Beweis für unzureichende Erziehung zu Disziplin und Ordnung.

Gerechtigkeit üben ist ein wesentlicher Faktor des erfolgreichen Führens.

Ein Kommandant muss auch ***Mut zur Unbeliebtheit*** haben.

Der Vorgesetzte hat Untergebene und Mitarbeiter mit Nachdruck zu einer ***verlässlichen Befehlsdurchführung*** zu erziehen, andernfalls schränkt er durch oftmaliges Nachprüfen seine Führungsfähigkeit ein.

Der Kommandant wird nur dann seine Soldaten im Einsatz ***zum Erfolg*** führen können, wenn er diese während ihrer Ausbildung - sowohl in der Kaserne als auch am Übungsplatz - zu einer ***ordentlichen Dienstleistung*** erzogen hat.

Der Kommandant hat ***Problembereiche zu erkennen***, bevor sie zu Problemen werden.

Abb. 1.3: Das Führungsteam: Der Zugskommandant mit seinem Melder und seinem Funker.

Der Kommandant muss die ***Großzügigkeit*** haben, Fehler seiner Untergebenen und Mitarbeiter zu verzeihen; ***Nachsicht*** ist allerdings nur dort angebracht, wo eine Wiederholung des Fehlers nicht zu erwarten ist.

Jeder Vorgesetzte muss damit rechnen, dass ihn seine Untergebenen und Mitarbeiter ***kritisch*** beobachten und beurteilen. Im Zeitalter der mitdenkenden Soldaten muss der Vorgesetzte allerdings ***Kritik ertragen*** und den Wunsch nach Erläuterung seiner Entscheidungen als zulässig betrachten.

Ein Kommandant muss ***Zeit für die Anliegen seiner Untergebenen und Mitarbeiter*** haben.

Vom Kommandanten wird erwartet, dass er sich auch dann für seine Untergebenen und Mitarbeiter voll einsetzt, wenn dies für ihn von Nachteil sein könnte.

Ein Kommandant muss sich ***Vorschläge anhören***; bei Nichtannahme eines solchen ist es nötig, dies sachlich zu begründen.

Manchmal bedarf es des Mutes, einem Vorgesetzten die volle ***Wahrheit*** zu sagen.

Es ist besser, ***Fehler einzugestehen*** als nach Ausreden zu suchen.

Auch für erfahrene Kommandanten gibt es immer etwas zu lernen.

1.2.2 Was vom Kommandanten nicht erwartet wird

> ***Wenn der Kommandant kein Vorbild ist oder aufhört, ein solches zu sein, merken das seine Untergebenen zuerst.***

Beliebte Kommandanten sind nicht immer gute Kommandanten.

Egoisten sind als Kommandanten ungeeignet.

Manch einer glaubt, seine ***Führungsmängel*** durch Steigerung des Bekanntheitsgrades in der Öffentlichkeit verdecken zu müssen.

Nichtskönner bauen allzu oft ihre Karriere auf „Freunderlwirtschaft" auf. Sie steigen in der Hierarchie immer höher und überschreiten, ohne es zu merken, die Grenze zur ***Inkompetenz***.

Vorgesetzte, die auf das ***übertriebene Einhalten von Formalkriterien und Äußerlichkeiten*** Wert legen, versuchen möglicherweise damit ihre Schwächen zu verbergen.

Manch einer tarnt seine ***persönliche Feigheit*** mit dem Wort „Gehorsam".

„Jawohl-Sager" sind meistens angenehme Untergebene, in der Regel sind sie aber feig. Von schwachen Vorgesetzten werden sie geschätzt.

Kadavergehorsam ist eine Abart von persönlicher Feigheit und dient manchem als Rechtfertigung für sein Fehlverhalten.

Schwache Kommandanten neigen dazu, ***Entscheidungen hinauszuschieben,*** und leben in der Hoffnung, dass sich das Problem von selbst erledigt oder von anderen erledigt wird.

Feige Kommandanten überlassen nicht selten Entscheidungen ihren Untergebenen und fühlen sich unschuldig, wenn etwas schief geht.

Mancher Kommandant hat auch nicht den Mut, sich die ***Wahrheit*** anzuhören.

Wer den Kontakt zur Truppe verloren hat, läuft Gefahr, ***undurchführbare Befehle*** zu geben.

Manch einer verhält sich deshalb ***schlecht zu seinen Untergebenen,*** weil man es ihm nie anders beigebracht hat.

Verbrüderung mit Untergebenen ist manchmal ein Zeichen von Schwäche.

Nachsicht gegenüber schlechten Mitarbeitern oder Untergebenen kann eine Art von Ungerechtigkeit gegenüber jenen sein, die ihren Dienst korrekt versehen.

Alkoholkonsum im Dienst ist kein Kavaliersdelikt. Besonders abstoßend ist es, wenn Vorgesetzte nach Alkohol riechen.

Mancher Untergebene hofft auf ***Unkorrektheiten*** seines Vorgesetzten, um sich dann auch Unkorrektheiten herausnehmen zu können.

1.3 Dienstaufsicht

1.3.1 Was die Dienstaufsicht sein soll, und was sie bezweckt

Dienstaufsicht ist Qualitätskontrolle und somit das rechtzeitige Erkennen von positiven oder negativen Entwicklungen. Grundsatz dabei ist: Vertrauen ist gut, Kontrolle ist besser.

Dienstaufsicht ist eine der wichtigsten Führungsaufgaben überhaupt.

Dienstaufsicht besteht aus

- ***beraten***
- ***helfen*** *und zuletzt erst aus*
- ***kritisieren.***

Kritik zwingt auf jeden Fall zur Bekanntgabe von Lösungen.

Dienstaufsicht umfasst alle Fachgebiete, also nicht allein die Ausbildung, sondern auch die Versorgung, die Personalplanung, die Qualität der Unterkunft, die Verpflegung und deren Ausgabe. Man neigt dazu, darüber kein Wort zu verlieren, aber auch der Sauberkeitsgrad der Toilettenanlagen ist ein wichtiger und vielsagender Kontrollfaktor.

Die Grundlage der Dienstaufsicht ist sowohl die ***moralische*** *als auch die* ***fachliche Kompetenz*** des Kontrollorganes.

Der Kommandant muss sich auf die Dienstaufsicht vorbereiten.

Jeder Dienstaufsicht muss eine Beurteilung folgen. Die zu setzenden Maßnahmen bestehen somit aus ***Lob*** oder ***Tadel.***

Lob soll einerseits mündlich sofort, andererseits auch schriftlich im Tagesbefehl zum Ausdruck gebracht werden. In besonderen Fällen ist eine ***finanzielle Belohnung*** neben der Erwähnung im Tagesbefehl angebracht.

Ist es nötig, ***Tadel*** auszusprechen, so hat dies auch sofort zu geschehen. Nötigenfalls ist es auch zweckmäßig, eine Bestrafung oder ***dienstrechtliche Nachteile*** in Erwägung zu ziehen.

Bei ***angekündigter Dienstaufsicht*** zählen Fehler schwerwiegender.

Dienstaufsicht gegenüber voll verlässlichen Mitarbeitern ist nicht unbedingt ein Zeichen von Misstrauen, sondern mitunter ein Zeichen des Interesses an verlässlicher Arbeit.

Manchmal ist es zweckmäßig, wenn der Kommandant ***Stabsmitglieder zur Dienstaufsicht*** mitnimmt.

Diese

- sind für Detailprobleme zuständig,
- erkennen, wie sich die von ihnen ausgearbeiteten Befehle auswirken, und
- halten auf diese Art den wichtigen Kontakt zur Truppe.

1.3.2 Was schlecht ist

Mangelnde Dienstaufsicht ist prinzipiell unter „strafbarer Tatbestand" zu setzen.

Es gibt Vorgesetzte, die oberflächliches Anschauen und Umherfahren mit Dienstaufsicht verwechseln. Dienstaufsicht darf nicht zu einem ***Gesichtsbad*** degenerieren.

Das Vernachlässigen der Dienstaufsicht gegenüber dienstfordernden und guten Mitarbeitern kann möglicherweise als Desinteresse an deren geleisteter Arbeit ausgelegt werden.

Leerlauf hat viele Ursachen, ist aber vor allem eine Folge mangelnder Dienstaufsicht.

1.4 Ausbildung/Übungen

1.4.1 Wie die Ausbildung sein soll, und was erwartet wird

Im Frieden kann nichts wichtiger sein als eine gute Ausbildung. Deren Grundlage ist ein guter Dienstplan und eine intensive Ausbildungsvorbereitung.

Am wichtigsten ist aber das ***Engagement der Ausbilder***.

Die ***Qualität der Zugs- und Gruppenkommandanten*** sind maßgebliche Faktoren für das Erreichen des Ausbildungszieles.

Abb. 1.4: Praktische Kaderausbildung und eine ausreichende Geräteausstattung sind die Grundlage für eine gute Rekrutenausbildung.

Ausbildung, ausgerichtet auf die Bedingungen des Einsatzes, kann auf ***Härte*** nicht verzichten. Ausbilden ohne Härte ist ***Zeit-*** und ***Geldverschwendung***, denn der ***Krieg findet nicht im Saal statt.***

Das Zusammenwirken im Gefecht ist von drillmässig eingelernten Handlungen abhängig. ***Drill ist daher ein unverzichtbarer Bestandteil der Ausbildung***.

Das Wort ***Drill*** wird manchmal falsch verstanden und mit ***„Schleifen“*** verwechselt; man muss daher den Soldaten diese Art des ***Trainings*** begründen und sowohl das Ausbildungsziel als auch den Weg dorthin verständlich erklären.

Exerzieren ist eine Art des Drills. Wenn es nach einem wohl durchdachten Programm abläuft, fördert es Disziplin, Ordnung sowie Genauigkeit und wird dann auch von den Auszubildenden verstanden werden.

Wer ***überfordert***, soll nicht enttäuscht sein, wenn das Ausbildungsziel nicht erreicht wird.

Übungen sind durch nichts zu ersetzen.

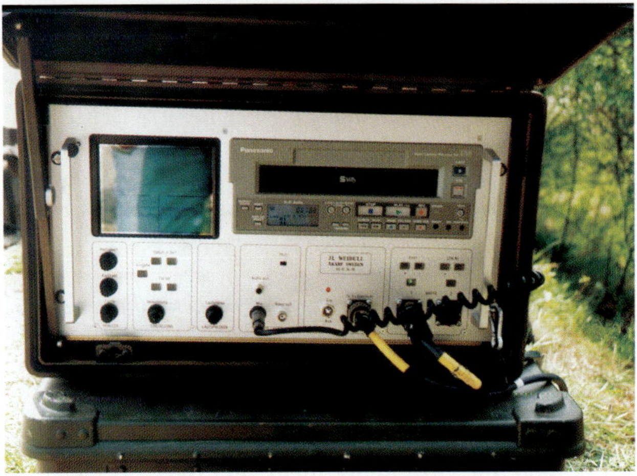

Abb. 1.5: Simulator für die PAL 2000. Simulatoren sind wichtige und Kosten sparende Hilfsmittel der Ausbildung. Übungen der Truppe können sie allerdings nicht ersetzen.

Übungen müssen nicht unbedingt ***Überstunden*** kosten, sie können auch während der Normdienstzeit erfolgreich ablaufen.

Normübungen erfordern anfänglich einen hohen Aufwand, sie rentieren sich aber infolge der Steigerung der Ausbildungsqualität und der verminderten Vorbereitungszeit.

Nachtübungen sind erst dann sinnvoll, wenn das Ausbildungsziel bei Tag erreicht werden konnte. Wurde das Ausbildungsziel bei Tag nicht erreicht, ist die ***Nachtausbildung nicht durchzuführen.***

Manöver bringen dem Rekruten nur dann etwas, wenn das Ausbildungsziel auf ihn und nicht auf die Stäbe abgestimmt wurde. (Was aber nicht dahingehend missverstanden werden darf, dass es ausschließlich Übungen entweder für Rekruten oder für Stäbe geben darf!)

Das ***Üben der Verteidigung*** erfordert ein phantasievolles Ausbildungsprogramm auf Zugs- und Gruppenebene. Gibt es ein solches nicht, entsteht ***Leerlauf***.

Bei Übungen ist das ***Bereithalten einer Reserve*** taktisch notwendig. Es besteht dabei allerdings durch das Warten auf den Einsatz die Gefahr des Leerlaufes. Ein ***„Antileerlaufprogramm“*** ist die Voraussetzung für einen sinnvollen Übungsablauf einer als Reserve eingesetzten Truppe.

Ausbildung, die nicht verbessert werden könnte, gibt es nicht.

Ausbildungsqualität muss messbar sein.

1.4.2 Wie die Ausbildung nicht sein darf

Wenig vorbereitete Ausbildung ist in der Regel auch ***schlechte Ausbildung***, sie ist eine ***Missachtung der Auszubildenden.***

Ein Ausbilder, der glaubt, ***ohne Vorbereitung*** ausbilden zu können, weiß nicht, was er alles nicht weiß.

Schlecht ausbilden ist ein ***strafbarer Tatbestand!***

Schlampig erstellte Dienstpläne lassen darauf schließen, dass der Ausbildung zu wenig Wert beigemessen wird.

Abb. 1.6: Anstatt das Beseitigen der Hemmung zu überwachen, übernimmt der Ausbilder selbst die Waffenhandhabung. Sind die MG-Schützen schlecht ausgebildet, oder will er sich wichtig machen?

Exerzieren, das ohne Planung als ***Zeitfüller*** dient, ist Leerlauf und schädigt die Disziplin.

Bei einer Übung ist ein länger dauerndes Warten auf den Feind keine Ausbildung, sondern ***Leerlauf***.

Das gleichzeitige Beüben von Stäben und der Truppe, also von den Rekruten, ist wegen der ***unterschiedlichen Zeitabläufe*** fast immer ein erfolgloses Unterfangen.

Leerlauf ist die Vergeudung von Steuergeldern.

Es gibt Mitbürger, die uns immer wieder erklären, wie wir auszubilden hätten, obwohl sie selbst davon keine Ahnung haben. Wir sollten nicht den Fehler machen, gegenüber diesen ***Besserwissern*** zu schweigen.

2. Gefechtsbild

Um die Rahmenbedingungen nicht einseitig zu orientieren, werden Abbildungen und Gefechtsabläufe von verschiedenen Staaten dargestellt.

2.1 Allgemeines Feindverhalten

Das Verhalten eines modern ausgerüsteten Aggressors ist gekennzeichnet durch:

- den Einsatz einer großen Anzahl von Kampfpanzern und Schützenpanzern;
- einen sehr raschen Gefechtsablauf, der sich für den infanteristischen Verteidiger auf wenige Minuten Feuerkampf beschränken kann;
- den Einsatz von Nachtsichtgeräten in Panzerfahrzeugen, Luftfahrzeugen, durch Beobachter der Steilfeuerwaffen und bei Zieleinrichtungen der leichten Infanteriewaffen;
- den Einsatz einer Vielzahl von Steilfeuerwaffen verschiedenster Kaliber und Reichweiten;
- die Unterstützung des Angriffs durch Kampfflugzeuge und Kampfhubschrauber;
- Luftlandungen in der Tiefe des Verteidigungsbereiches;
- den Einsatz von Kommandotruppen und von subversiven Kräften.

2.2 Aufklärung

2.2.1 Luftaufklärung

Satelliten und Frühwarnflugzeuge geben die Grundlage für weitere Aufklärungsaktivitäten.

Aufklärungsflugzeuge führen die Bildaufklärung durch und sind mit moderner Elektronik wie Wärmebildgeräten in der Lage, auch bei Nacht und eingeschränkter Sicht ihre Aufträge durchzuführen.

Unbemannte Leichtflugzeuge, so genannte Drohnen, werden vom Gefechtsstand des Angriffsverbandes ferngesteuert und sind in der Lage, Einzelheiten festzustellen, sofern diese von der Luft aus wahrgenommen werden können.

Abb. 2.1: Die Drohne, auf einem LKW verlastet, befindet sich in Startposition.

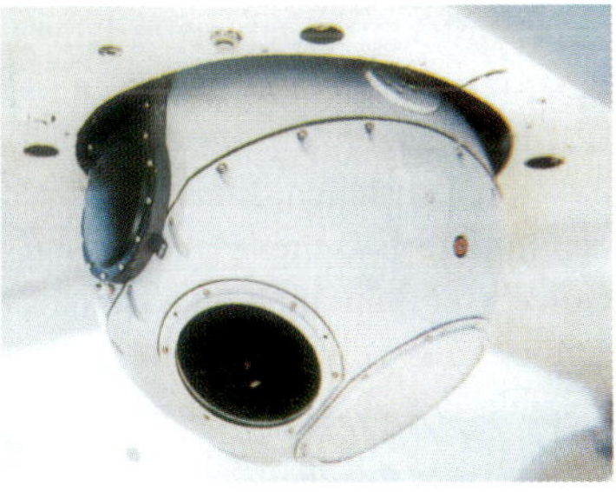

Abb. 2.2: Die TV-Kamera der Drohne ist in alle Richtungen schwenkbar. Sowohl Senkrecht- als auch Schrägaufnahmen sind möglich.

Abb. 2.3: Das Steuerpult der Drohne zeigt, dass es sich hier um kein einfaches Gerät handelt. Es umfasst unter anderem den Steuerknüppel, einen Fernsehschirm und eine Landkarte zum Feststellen der Position des unbemannten Flugzeuges.

Einzelheiten, die von der Luftaufklärung nicht wahrgenommen werden können, müssen vom Boden aus aufgeklärt oder erkundet werden.

2.2.2 Erdaufklärung

Soweit es das Gelände zulässt, wird die Erdaufklärung als Panzeraufklärung, also mit gepanzerten Fahrzeugen, wie beispielweise Kampfpanzern, Schützenpanzern und Aufklärungspanzern, in breiter Front durchgeführt. Um Einzelheiten festzustellen, sind die Panzeraufklärer zum Absitzen und zur infanteristischen Annäherung gezwungen. Diese Art der Gefechtsaufklärung läuft nach bewährten Verhaltensweisen, die schon im Zweiten Weltkrieg üblich waren, ab. Im Einsatzgelände der Jägertruppe wird oft mit Spähtrupps zu Fuß gerechnet werden müssen.

2.3 Angriff

Dem Ziel, die feindliche Verteidigungsstellung infanteristisch in Besitz zu nehmen, geht ein Gefechtsablauf voraus, der durch einen intensiven Einsatz verschiedener Waffengattungen gekennzeichnet ist.

Luftstreitkräfte und Artillerie, einschließlich Granatwerfer, bereiten den Angriff der mit Panzern verstärkten Panzergrenadierbataillone vor. Schließlich kommen die schweren und leichten Flachfeuerwaffen zum Einsatz, um den abgesessenen Panzergrenadieren die Inbesitznahme der feindlichen Stellung zu ermöglichen.

2.3.1 Luftstreitkräfte

Der Angriff von Kampfflugzeugen und Kampfhubschraubern erfolgt nie einzeln. Mehrere Fluggeräte arbeiten zusammen und decken einander gegenseitig.

Abb. 2.4: In Angriffsformation fliegen Kampfflugzeuge und Kampfhubschrauber so, dass ihre Waffen voll zur Wirkung kommen.

Folgende Waffen werden dabei zum Einsatz gebracht:

- Maschinengewehre und Maschinenkanonen mit hoher Feuerfolge daher oft mehrläufig („Gatling-Gun“, auch als Revolverkanone bezeichnet). Die Ursache liegt in der auf wenige Sekunden beschränkten Bekämpfungszeit und der davon abzuleitenden Notwendigkeit, eine hohe Dichte der Geschossgarbe zu erreichen.

- Raketen, gelenkt oder ungelenkt, können einzeln oder als Salven abgefeuert werden.
- Bomben werden meistens im Horizontalflug in größerer Höhe ausgelöst. Ausgenommen davon sind Feuerbomben, auch Napalmbomben genannt, die im Tiefflug mit Verzögerungszündern abgeworfen werden. Mit Bomben werden meistens Flächenziele bekämpft; gelenkte Bomben sind in der Lage, auch Punktziele zu vernichten.

Abb. 2.5: Erdkampfflugzeuge F-15S „Eagle" mit externer Bombenlast.

Kampfflugzeuge

Der Anflug und Rückflug wird durch die mitgeführte Kampflast und die davon abhängige Treibstoffmenge beeinflusst. So ein Angriffsprofil könnte lauten: „Hoch" - „Tief" - „Hoch". Das „Hoch" bedeutet hoher Anflug und Rückflug, um Treibstoff zu sparen und damit die Bekämpfungszeit am Ziel zu verlängern.

„Tief" bedeutet, im Zielgebiet das Tieffliegererfassungsradar zu unterfliegen, um den Gegner zu überraschen und ihm keine Gelegenheit zur Luftzielbekämpfung zu geben.

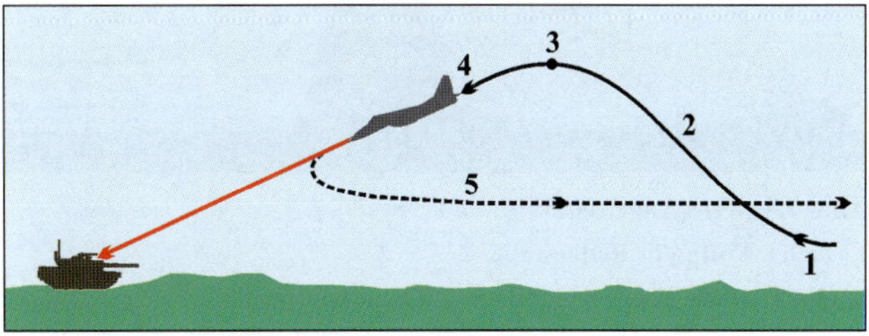

Abb. 2.6: Jagdbomber Angriffstaktik:

1 **Tiefer Anflug in Bodennähe.**

2 **Hochziehen, um in Angriffsposition zu kommen.**

3 **Angriffsposition.**

4 **Stabilisieren des Flugzeuges, Zielen, Waffen auslösen. Der Abstand zum Ziel während der Waffenauslösung ist abhängig von der Art der eingesetzten Waffen, er kann mehrere Kilometer betragen. Um dem feindlichen Abwehrfeuer zu entgehen, wird daher bereits weit vor dem Ziel abgedreht.**

5 **Ab- und Rückflug in Bodennähe.**

Kampfhubschrauber (KHS)

Der Angriff und die Auslösung der Waffen erfolgt wie bei einem Kampfflugzeug oder aus einer Schwebezone heraus. Dazu wird in 10 bis 50 m Höhe angeflogen.

Abb. 2.7: KHS Angriffstaktik: In der Schwebezone steigt der KHS auf 50 - 100 m, der Bordschütze erfasst das Ziel. Der Zielvorgang bei Maschinenwaffen dauert etwa 10 s, bei Lenkwaffen bis zu 25 s. Abdrehen - nächster Zielanflug.

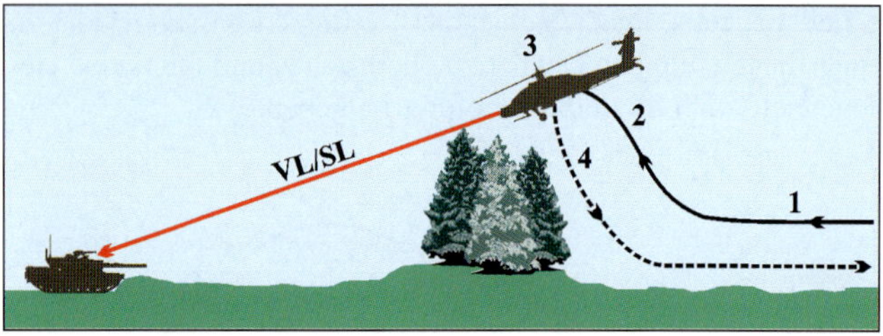

Abb. 2.8: KHS Angriffstaktik:

1 Tiefer Anflug in Bodennähe.

2 Hochziehen, um in Angriffsposition zu kommen.

3 Stabilisieren des Kampfhubschraubers, Zielen, Waffen auslösen.

4 Abdrehen, Ab- und Rückflug in Bodennähe, um dem feindlichen Abwehrfeuer zu entgehen.

VL/SL Die Visierlinie (VL) entspricht fast der Schusslinie (SL).

Ist der Kampfhubschrauber mit einem Mastvisier ausgerüstet, bleibt er in der Schwebezone, der Zielvorgang erfolgt aus der Deckung heraus. Der Kampfhubschrauber ist somit der Waffenwirkung des Gegners nicht ausgesetzt, es sei denn, der Feind hat die möglichen Schwebezonen unter Feuer.

Abb. 2.9: Panzerabwehrhubschrauber mit Mastvisier im Schwebeflug.

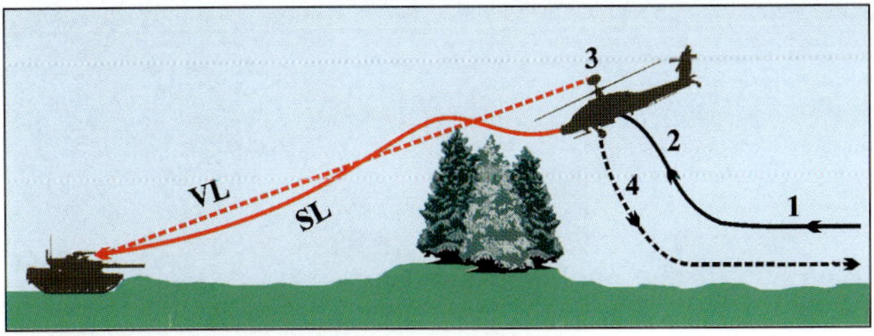

Abb. 2.10: Schießen mit Hilfe des Mastvisieres:

1 Tiefer Anflug in Bodennähe.

2 Hochziehen, um in Angriffsposition zu kommen.

3 Stabilisieren des Kampfhubschraubers, Zielen, Waffen auslösen.

4 Abdrehen, Ab- und Rückflug in Bodennähe, um dem feindlichen Abwehrfeuer zu entgehen. Nächster Zielanflug beginnt.

VL Die Visierlinie (VL) liegt knapp über den Baumkronen. Durch das über dem Rotorkopf befindliche Mastvisier bleibt der Kampfhubschrauber in Deckung und damit - vom Ziel her beurteilt - nicht sichtbar.

SL Die Schusslinie (SL) des Lenkflugkörpers wird dem Gelände angepasst und der Flugkörper über die Baumkronen gelenkt.

Hubschrauber und Erdkampfflugzeuge sind, wenn die Feuerleitung der Artillerie und die Fliegerleittrupps zusammenarbeiten, in der Lage, das gegnerische Artilleriefeuer zu unterfliegen.

Somit ist es möglich, die gepanzerten Angriffskräfte während des Einbruchs zu unterstützen.

Zu diesem Zeitpunkt hat die Artillerie ihr Feuer bereits in die Tiefe des feindlichen Verteidigungsbereiches verlegt.

2.3.2 Artillerie

Im Rahmen der Artillerie sind Raketenwerfer, Geschütze und Granatwerfer in Verwendung. In der Regel handelt es sich um ein Steilfeuer in der oberen und unteren Winkelgruppe.

Abb. 2.11: M-109-Batterie beim Feuern:

Eine Vielfalt von Munitionsarten kommt zum Einsatz. Unterschiedliche Zünder reagieren beim Aufschlag oder mit Verzögerung. Granaten mit Verzögerungszündern dringen in das Ziel ein. Bodenabstandszünder führen zu hochgezogenen Sprengpunkten und wirken gegen Infanterie in nicht eingedeckten Kampfdeckungen. Gegen gepanzerte Ziele werden Streuminen- und Bombletgranaten eingesetzt.

Der Verteidiger muss seine Kampf- und Schutzdeckungen dieser Situation anpassen, um sich vor allem gegen Granaten mit Verzögerungs- und Bodenabstandszündern zu schützen.

2.3.2.1 Zielaufklärung

Die Zielaufklärung geschieht einerseits durch die früher geschilderte Aufklärungstätigkeit, andererseits durch artillerieeigene Aufklärungssysteme:

- Erfassen der Flugbahnen feindlicher Steilfeuerwaffen durch Radar. Die Flugbahndaten ermöglichen das Errechnen der Koordinaten der feindlichen Feuerstellung.
- Erfassen der feindlichen Feuerstellungen durch Schallmessung des Abschusses. Mehrere Schallmessgeräte arbeiten zusammen. Die Koordinaten der feindlichen Feuerstellung

werden mittels Vorwärtseinschneiden festgestellt. Ebenso möglich ist das Lichtmessverfahren, welches bei Nacht die Abschusserscheinungen der Geschütze registriert und mit Vorwärtseinschneiden deren Stellungen ermittelt.

- Erfassen von Zielen durch Augenbeobachtung. Seite und Entfernung werden mit einem Laserentfernungsmesser festgestellt und die Zielkoordinaten ermittelt.

Die Ermittlung der Schießelemente geschieht mittels Computer, also in ein paar Sekunden. Die Übermittlung der Feuerkommandos an die Geschütze erfolgt ebenso rasch. Daraus kann abgeleitet werden, dass eigene Steilfeuerwaffen in wenigen Minuten mit dem feindlichen Gegenfeuer zu rechnen haben.

Die Artilleriebataillone und Granatwerferzüge des Verteidigers müssen daher

- einen Stellungswechsel rechtzeitig und rasch durchführen können,
- ihre Waffen durch Stellungsausbau schützen und
- für deren Waffenbedienungen Schutzdeckungen vorbereitet haben.

Abb. 2.12: Feldartillerie in Stellung: Ohne Luftüberlegenheit, ohne Möglichkeit zu ausreichendem Gegenfeuer ist die Zeit der ungepanzerten Artillerie vorbei.

2.3.2.2 Vorbereitungsfeuer

Etwa 30 Minuten vor dem Angriff der mechanisierten Kräfte beginnt das Vorbereitungsfeuer gegen die vorderen Stützpunkte und Widerstandsnester des Verteidigers. Der erste Feuerschlag dauert etwa 10 Minuten. Das Artilleriefeuer wird, um den Verteidiger zum Verlassen seiner Schutzdeckungen zu verleiten, mehrmals auf Stützpunkte in der Tiefe verlegt und dann wieder auf die vorderen Stützpunkte zurückgeführt.

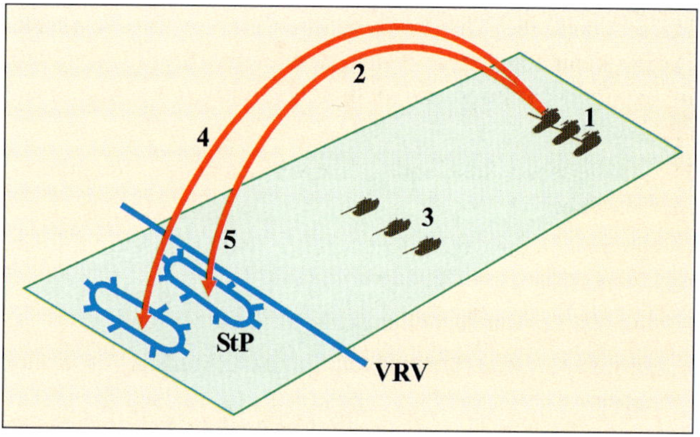

Abb. 2.13: Verlegen des Artilleriefeuers:

1 Mehrere Artilleriebataillone unterstützen den Angriff der Panzergrenadierbrigade.

2 Das Artilleriefeuer liegt vorerst auf den vorderen Stützpunkten des Verteidigers.

3 Im Schutz des Artilleriefeuers nähern sich die gepanzerten Angriffskräfte.

4 Das Artilleriefeuer wird in die Tiefe des Verteidigungsbereiches verlegt.

5 Das neuerliche Rückverlegen des Artilleriefeuers hat, wenn die verteidigende Infanterie falsch reagiert hat, deren Vernichtung zur Folge.

VRV Vorderer Rand der Verteidigung.

StP Vordere Stützpunkte und Stützpunkte in der Tiefe.

Um die Alarmierung rechtzeitig auszulösen, muss die Gefechtsfeldbeobachtung des Verteidigers in der Lage sein, dieses Verlegen und Rückverlegen des Feuers richtig zu beurteilen.

Der Beobachter muss daher ausreichend qualifiziert sein.

Abb. 2.14: Ein Infanteriestützpunkt wird mit Spreng- und Brandmunition bekämpft.

Die Feuerdichte im Angriffsschwergewicht beträgt bis zu 400 Granaten/Hektar (100 x 100 m). Es wird damit die Verformung des Geländes und das Zerstören der Verteidigungsstellungen bezweckt.

Im erwarteten feindlichen Angriffsschwergewicht ist es unzweckmäßig, mit dem Ausbau von Feldstellungen Zeit zu vergeuden. Sinnvoller ist es, auf diese vorläufig zu verzichten und dafür solide Schutzdeckungen anzulegen. Dann erst, sofern genügend Zeit bleibt, erfolgt der Ausbau der üblichen Kampfdeckungen.

Wesentlich ist auch, dass die Jäger trainiert sind, in einem von Artillerie und Luftwaffe verformten Gelände rasch geeignete Stellungen zu beziehen.

Das Vorbereitungsfeuer der Artillerie nützen die mechanisierten Angriffskräfte für die letzte Phase der Annäherung.

2.3.3 Mechanisierte Angriffskräfte

2.3.3.1 Gefechtsordnung

Der angreifende Verband ist bestrebt, eine Gefechtsordnung einzunehmen, die es ermöglicht, die maximale Feuerkraft zur Wirkung zu bringen.

Abb. 2.15: Angriffsverfahren: „Panzer voraus!" (Darstellung nicht maßstabgerecht):

Angriff eines mit Panzern verstärkten Panzergrenadierbataillons mit 2 Kompanien in vorderer Linie. Im dargestellten Fall kommen die Bordwaffen von 8 Kampfpanzern und mindestens 12 Schützenpanzern zur Wirkung. Eine derartige Situation wird ein Jägerbataillon nicht bewältigen. Es muss daher im Infanteriegelände verteidigt werden.

Die Bataillone einer angreifenden Panzergrenadierbrigade brauchen für die Entfaltung und Entwicklung jede Menge Raum. Die Gefechtsbreite ist einerseits abhängig von den zweckmäßigsten Feuerbereichen und Sicherheitswinkeln der Panzer und der Schützenpanzer, andererseits in der letzten Angriffsphase von der Breite der in Schützenkette entwickelten abgesessenen Panzergrenadiergruppen.

Wichtig für den Verteidiger ist es, für seine Stellungen Infanteriegelände auszuwählen, das das Einhalten der angestrebten Gefechtsordnung unmöglich macht oder zumindest empfindlich stört.

Die Entfaltung einer mechanisierten Brigade:

Die Brigade entlässt die Bataillone 8 - 12 km vor dem Angriffsziel (AZ). Diese benötigen, abhängig vom Angriffsverfahren, bis zu 3 km Gefechtsbreite, um in weiterer Folge genügend Platz für ihre Kompanien zu haben.

Das Bataillon entlässt seine Kompanien 4 - 6 km vor dem AZ. Die Kompanien benötigen für ihre Züge 800 m Gefechtsbreite. Der seitliche Abstand zwischen den Kompanien soll 500 m betragen, andernfalls ergeben sich Sicherheitsprobleme mit der Nachbarkompanie.

Die Kompanie entlässt ihre Züge 2 - 3 km vor dem AZ. Wenn diese sich entwickeln, haben sie 200 m Gefechtsbreite. Zum Nachbarzug ist ein Abstand von 100 m einzuhalten.

Der Abstand zwischen den einzelnen Kampffahrzeugen beträgt 30 - 50 m, im äußersten Fall 100 m, andernfalls können sich nämlich die absitzenden Panzergrenadiergruppen nicht in Schützenkette entwickeln, und ihre leichten Infanteriewaffen nicht zum Einsatz bringen.

2.3.3.2 Absitzen zum Gefecht

Die Annäherung an das Angriffsziel geht im Schutz der Kampfflugzeuge und des Artilleriefeuers vor sich. Wird nun dieses Feuer endgültig in die Tiefe des feindlichen Verteidigungsbereiches verlegt, können die Panzergrenadiere zum Gefecht absitzen.

Abb. 2.16: Der Seitenabstand der Kampffahrzeuge soll max. 100 m betragen, in der Regel werden es aber weniger sein.

Abb 2.17: Das Absitzen vom Schützenpanzer erfolgt dann, wenn es dem Verteidiger gelungen ist, Kampffahrzeuge abzuschießen. Dieses Absitzen zum Gefecht erfolgt etwa 300 m vor dem Angriffsziel.

Der Verteidiger muss das Absitzen der Panzergrenadiere rechtzeitig erkennen, um zu alarmieren und sofort das Sperrfeuer auszulösen.

2.3.3.3 Sturmlauf

Die Kampfpanzer bekämpfen mit ihren stabilisierten Kanonen Ziele während des Fahrens. Die Schützenpanzer unterstützen

Abb. 2.18: Die abgesessenen Panzergrenadiere laufen hinter den Kampfpanzern nach. Diese bieten ihnen während des Sturmlaufes Deckung.

mit ihren Maschinenwaffen und versuchen den Verteidiger in Deckung zu zwingen. Diese Unterstützung seitens der Schützenpanzer erfolgt in Form des „Überschießen“ oder „Lückenschießen“.

Die meisten Kampfpanzer sind mit Minenräumgeräten ausgestattet und schaffen damit Minengassen, welche von den Pionieren für die nachfolgenden Gefechtsfahrzeuge markiert werden.

Abb. 2.19: Der Sturmlauf erfolgt in Schützenkette. Geschossen wird im Hüftanschlag oder im Anschlag von der Schulter.

Abb. 2.20:
Mit den leichten Panzerabwehrwaffen werden schwach gepanzerte Ziele, aber auch weiche Punktziele, wie Stellungen von Maschinenwaffen oder Panzerabwehrrohren, bekämpft.

Das Angriffstempo liegt etwa bei 8 - 12 km/h. Es können daher, vom Gelände abhängig, 130 - 200 m in der Minute zurückgelegt werden. Die stürmenden Panzergrenadiergruppen benötigen im günstigsten Fall 90 Sekunden von der Linie des Absitzens bis in die Feindstellung.

Der Verteidiger braucht daher vor seiner Stellung Sperren gegen Panzer und Infanterie, sonst wird er überrollt und vernichtet.

Wenn es dem Verteidiger nicht gelungen sein sollte, eine entsprechende Zahl an Panzerfahrzeugen außer Gefecht zu setzen, besteht für den Angreifer keine Notwendigkeit, zum Gefecht abzusitzen. Dies beschleunigt den ohnehin schwungvollen Ansatz nicht unwesentlich!

Abb. 2.21: Die Panzergrenadiere führen den Kampf aufgesessen und mit geschlossenen Luken durch.

Es wirken dabei die Maschinenwaffen der Schützenpanzer und die leichten Maschinengewehre und Sturmgewehre der Panzergrenadiere.

Dazu benützen die Schützen die Schießluken ihrer Schützenpanzer. Die Schießluken machen ein begrenzt gezieltes Feuer möglich. Sie sind ABC-sicher ausgeführt und sind aufgrund einer Antibeschlagsausrüstung gegen Anlaufen geschützt. Hülsenfänger und Rauchabsaugvorrichtung sind vorhanden, so dass der Feuerkampf aus dem Schützenpanzer kaum beeinträchtigt wird.

2.3.3.4 Einnahme des Angriffszieles

Gelingt es, die Feindstellung zu nehmen, gehen die Panzergrenadiere zur Verteidigung über. Der Angriff wird von anderen Teilen, beispielsweise von der nachfolgenden 2. Staffel, unverzüglich fortgesetzt und der flüchtende Verteidiger verfolgt.

Abb. 2.22: Die Verfolgung erfordert ein rasches Fortsetzen des Angriffs, um den Feind zu vernichten. Bei ihr wird daher der aufgesessene Kampf bevorzugt, der eine hohe Geschwindigkeit ermöglicht. Die aufgelockerte Gefechtsform stellt aber auch bei der Verfolgung von Feindteilen ein wesentliches Element der Vorgehensweise dar.

2.4 Verteidigung

Die Stärke gepanzerter Kräfte sind Feuer und Bewegung. Das gilt nicht nur für den Angriff, sondern auch für die Verteidigung. Die Verteidigung aus Stellungen ist als Ausnahme anzusehen. Diese wird hier dargestellt.

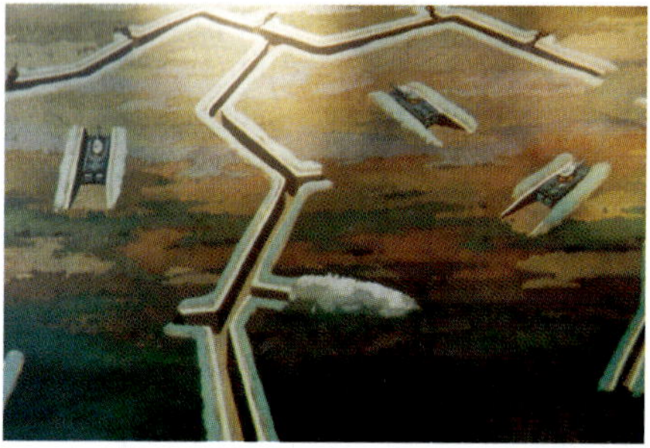

Abb. 2.23: Durchlaufende Stellungssysteme mit eingegrabenen Panzern sind typisch. Für den infanteristischen Angreifer sind vor allem die Maschinenwaffen der gepanzerten Fahrzeuge gefährlich.

Abb. 2.24: Eingegrabene Geschütze verstärken diese Art der Verteidigung.

Abb. 2.25: Die Verbindungsgräben sind als Kampfgräben ausgeführt, daher kann nicht nur aus den einzelnen Kampfdeckungen, sondern aus dem gesamten Grabenbereich der Abwehrkampf geführt werden.

Beim Angriff hat die Bekämpfung der eingegrabenen Panzer und Schützenpanzer absoluten Vorrang.

2.5 Luftlandung

Die Luftlandung erfolgt durch

- Anlandung von Soldaten und deren Gerät mittels Hubschrauber,
- Fallschirmabsprung und Abwurf von Gerät bis einschließlich Luftlandeschützenpanzer und
- Anlanden von Personal und Material mit Transportflugzeugen auf einem vorher in Besitz genommenen Flugplatz.

2.5.1 Luftlandung mit Hubschraubern

Der Luftlanderaum ist erkundet und aufgeklärt. Manchmal werden Pathfinder (Einweiser) vorher abgesetzt, um die Landezone zu markieren. Die Anlandung kann auch bei Nacht erfolgen. Der anfliegende Verband wird in allen Phasen durch Kampfflugzeuge gegen Luftfeind geschützt.

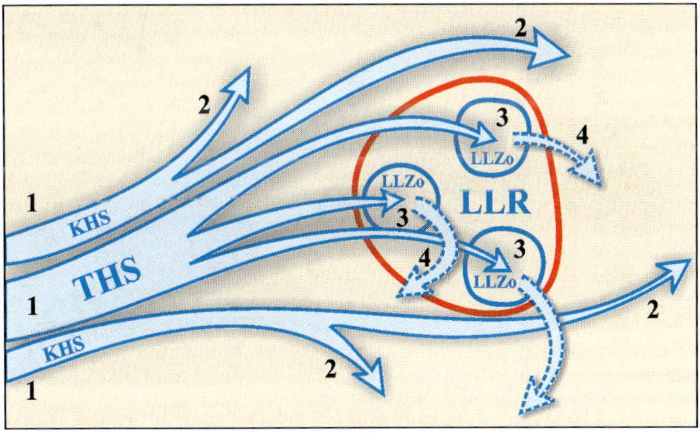

Abb. 2.26: Text zur Skizze nächste Seite.

Abb. 2.26 (siehe Seite 49): Ablauf einer Luftlandung:

LLR Luftlanderaum.

LLZo Luftlandezone.

KHS Kampfhubschrauber.

THS Transporthubschrauber.

1 Der unmittelbare Schutz der THS erfolgt durch KHS.

2 Die KHS sichern den LLR gegen infanteristische und gepanzerte Gegenangriffe. Sie wirken mit Raketen, Maschinenkanonen, Maschinengewehren und Panzerabwehrlenkwaffen. Sie haben eine Verteidigungsbewaffnung gegen Kampfflugzeuge und stoßen „Flares" (heiße Leuchtkörper, die Infrarotsuchköpfe von FlA-Raketen täuschen) aus.

3 In den LLZ setzen THS Gruppen, Züge oder Kompanien ab. Der Landeanflug erfolgt gegen den Wind in einem sehr geringen Gleitwinkel von etwa 3 Grad und mit einer Geschwindigkeit von etwa 150 km/h. Die THS sind mit Raketen und Maschinengewehren bewaffnet und daher in der Lage, sich die unmittelbare Landezone freizuschießen.

4 Geschützt durch Kampfflugzeuge und KHS, treten die THS den Rückflug an.

2.5.2 Luftlandung durch Absprung und Abwurf

Abb. 2.27: Fallschirmtruppen beim Massenabsprung aus einem Transporter C-130 „Hercules".

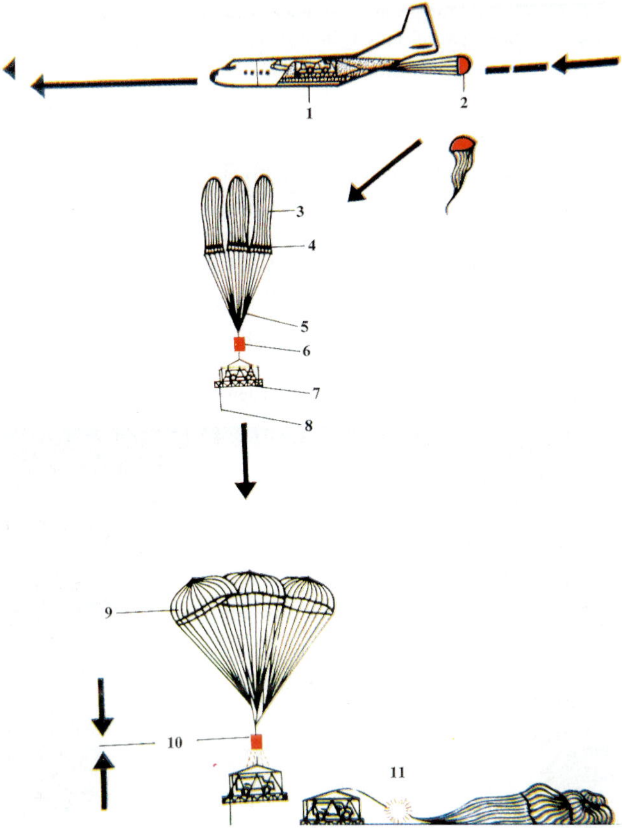

Abb. 2.28: System des Lastenabwurfes:

1 Förderband im Laderaum des Flugzeuges wird in Betrieb gesetzt und bringt die Palette mit der Last zur Ladeluke.

2 Ein Hilfsschirm, der an der Last befestigt ist, unterstützt nach seiner Auslösung das Herausgleiten der Palette.

3 Die drei Fallschirmkappen haben sich gestreckt.

4 Reffleinen verhindern eine sofortige Öffnung, bei der ein sehr starker Entfaltungsstoß auftreten würde.

5 Fangleinen der Lastenfallschirmkappen.

6 Bremstriebwerk.

7 Palette mit der Last.

8 Kontaktleine zur Zündung des Bremstriebwerkes.

9 Die Fallschirmkappen sind voll geöffnet.

10 Die Kontaktleine hat den Erdboden berührt, das Bremstriebwerk beginnt zu arbeiten und vermindert die Sinkgeschwindigkeit auf fast Null, so dass die Rest-Aufprallenergie dem Material nicht schadet. (Siehe auch Abb. 2.30 auf der gegenüberliegenden Seite.)

11 Mit Pyrotechnik-Patronen werden die Fallschirmkappen kurz nach dem Aufsetzen von der Last getrennt, wodurch ein Schleifen der Last, verursacht durch Wind, vermieden wird.

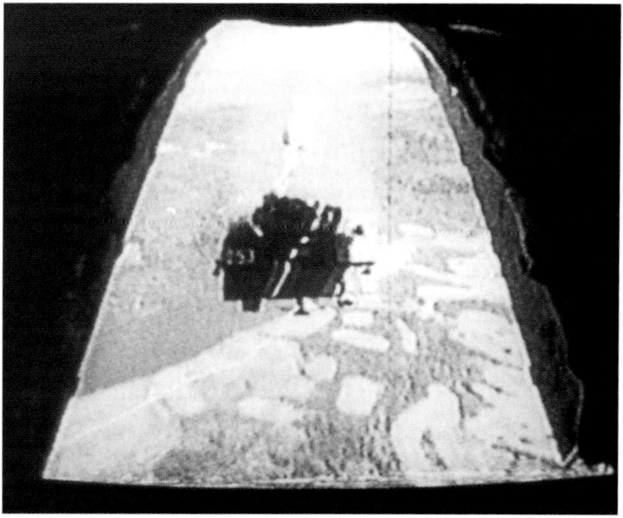

Abb. 2. 29: Luftlandeschützenpanzer beim Verlassen der Ladeluke des Transportflugzeuges.

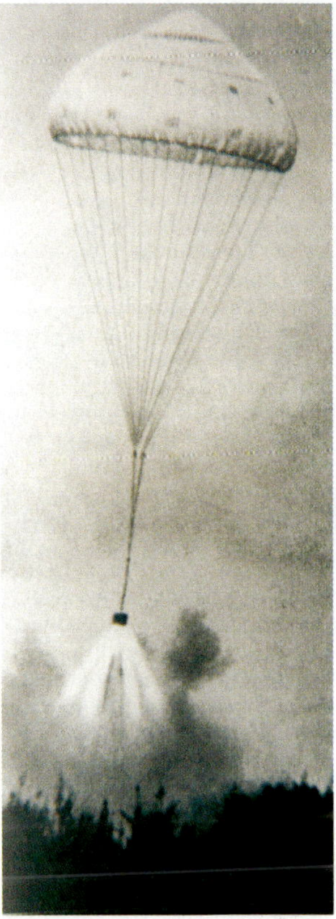

Abb. 2.30: Das Bremstriebwerk hat bereits zu arbeiten begonnen und ermöglicht so eine relativ sanfte Landung.

2.6 Unkonventioneller Angriff

Angriffsziele: Gefechtsstände, Befehlsstellen der politischen Führung, Verkehrswege (Engstellen wie Brücken, Pässe, Tunnels u.ä.), Fernmelde-, Rundfunk- und Versorgungseinrichtungen, Eisenbahnwesen, Energieversorgung, Wasserversorgung usw.

Subversive Kräfte

Diese können bereits im Frieden eingeschleust werden. Ihr Auftrag ist, den Staat durch Aktionen gegen die politische bzw. militärische Führung oder gegen die zivile Infrastruktur zu destabilisieren. Ihre subversiven Aktionen werden von langer Hand vorbereitet. Getragen werden meistens Zivilbekleidung oder die im Feindstaat üblichen Uniformen der Exekutive, der Feuerwehr, des Militärs usw.

Einsatz von Kommandotruppen

Der unkonventionelle Angriff kann auch aus der Luft erfolgen. Überraschende punktgenaue Anlandungen bei Nacht mittels Hubschrauber sind dank Nachtsichtgeräten der Regelfall.

Abb. 2.31: Nach der Landung. Luftlandesoldaten beim Fertigmachen ihrer Ausrüstung, um rasch in das Gefecht treten zu können. Die Luftlandesoldaten sind mit Ortungsgeräten (ähnlich einem Lawinenpieps) ausgerüstet, um ihre angelandeten Fahrzeuge und Schützenpanzer auch im unübersichtlichen Gelände sowie bei Dunkelheit oder schlechten Sichtverhältnissen sicher zu finden.

Genauso denkbar ist aber auch das Absetzen mit Gleitfallschirmen weit ab vom Einsatzgebiet. Das bedeutet für diese Spezialisten einen Nachtsprung mit Sauerstoffausrüstung und Mitnahme von bis zu 50 kg Ausrüstung. Abgesetzt wird aus bis zu 10 km Höhe bei einer Gleitstrecke von bis zu 40 km. Mit Tandemschirmen können sogar ungeübte Personen auf diese Weise für Spezialaufgaben zum Einsatz gebracht werden. Ferngesteuerte Lastensysteme transportieren bis zu 500 kg mit Gleitfallschirmen ins Ziel.

Abb. 2.32: Springer mit Sauerstoffausrüstung und Kampflast.

Der Vorteil besteht darin, dass das Transportflugzeug, auch wenn es vom Luftraumüberwachungsradar erfasst wurde, keine Rückschlüsse auf die Absicht und das Angriffsziel zulässt. Infolge der großen Flughöhe wird das Flugzeug auch nicht gehört. Die Springer, als kleine Ziele vom Radar nicht erfassbar, gleiten lautlos im Schutz der Dunkelheit mit Satellitennavigation (GPS) in ihre Landezone und überraschen den Gegner. Ihre Aktion endet mit einer Wiederaufnahme durch Hubschrauber oder mit allen anderen denkbaren Fortbewegungsmitteln. Getragen wird Zivilbekleidung oder fremde Uniform.

Der Einsatz von subversiven Kräften oder von Kommandotruppen zwingt beim Objektschutz zu erhöhter Aufmerksamkeit und zu Misstrauen gegenüber jedermann.

2.7 Kampfmittel und ihre Wirkung

Kampfmittel ist jede für militärische Zwecke bestimmte Art von Waffen, Munition und Kampfstoffen.

Besondere Kampfmittel sind ABC-Kampfmittel und psychologische Kampfmittel. (MilLex)

2.7.1 Nachtkampffähigkeit

Es besteht die Fähigkeit, unabhängig von den Sichtverhältnissen, also bei Nebel oder bei Nacht, zu beobachten und Waffen zum Einsatz zu bringen. Die einfachste Form einer -

allerdings eingeschränkten - Nachtkampffähigkeit ist das Anbringen von Leuchtpunkten an den Visiereinrichtungen der leichten Infanteriewaffen. Ansonsten bedient man sich moderner Elektronik.

Seit Jahrzehnten werden zur Zielbeleuchtung Weißlichtscheinwerfer, aber vor allem Infrarotscheinwerfer eingesetzt. Zum Erkennen des Zieles ist bei diesen ein elektronischer Bildwandler nötig. Der Nachteil besteht in beiden Fällen im Erkennen des Scheinwerfers und damit seines Trägerfahrzeuges.

Zweckmäßig ist es daher, so genannte passive Geräte zum Einsatz zu bringen. Diese haben keine Lichtquelle und können daher auch nicht aufgeklärt werden. Es handelt sich um Wärmebildgeräte und Restlichtverstärker. Die meisten Kampfpanzer, Schützenpanzer, aber auch Kampfhubschrauber sind damit

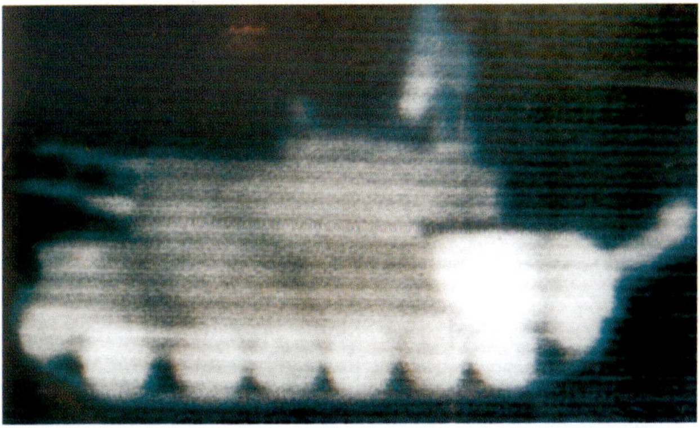

Abb. 2.33: FlA-Panzer, aufgenommen mit einem Wärmebildgerät. Von der Helligkeit ist abzuleiten:

Kanonenrohre sind dunkel = kalt; es wurde daher in den letzten Stunden damit nicht geschossen.

Laufwerk und Motorraum sind hell = warm; es wurde kurz vorher in die Stellung gefahren.

ausgestattet - in modernen Armeen eine Grundforderung. Stellvertretend werden nachfoldend drei Geräte dargestellt.

Abb. 2.34: Postenablösung bei Nacht bei einer Kommandoeinheit, aufgenommen mit einem Restlichtverstärker. Das Bild ist einem schlechten Fernsehbild ähnlich und hat als Kontrast alle Schattierungen von grün.

Abb. 2.35: 3 Restlichtverstärker:

Links: Russische Panzerhaube mit fix montiertem Restlichtverstärker, anzuschließen an die Stromversorgung des Fahrzeuges. Der Träger hat beide Hände frei und kann daher seine Funktion ohne Einschränkung ausüben.

Rechts: Amerikanischer Restlichtverstärker, batteriebetrieben. Das Gerät kann unter dem Stahlhelm getragen werden. Beide Hände sind frei. Die Benützung durch Kraftfahrer oder Hubschrauberpiloten

ist möglich. Besonders brauchbar ist diese Geräteart beispielsweise für einen Spähtruppkommandanten. Er kann marschieren, beobachten, führen und schießen. Dieser Restlichtverstärker ist universell verwendbar.

Unten: Restlichtverstärker als Feldstecher verwendbar. Obwohl es sich um ein modernes Gerät handelt, ist sein Einsatz auf das Beobachten beschränkt. Marschieren oder Fahren ist damit nicht möglich.

Zielgerät

Russisches Nachtzielfernrohr/Restlichtverstärker für leichte Infanteriewaffen.

Abb. 2.36: Nachtzielfernrohr mit Zubehör:

Masse des ZF: 1,75 kg, Länge des ZF: 49 cm, Masse des ZF mit Zubehör: 2,85 kg.

Das Zubehör besteht aus Tragtasche, Reserveaugenschutz, 2 Batterien, Trockenpulver und Behälter für 7 Höhentrommeln.

Die Handhabung ist einfach. Der Zielstachel hat eine variable Beleuchtung; somit ist ein Anpassen an die Helligkeit des Zielgeländes möglich.

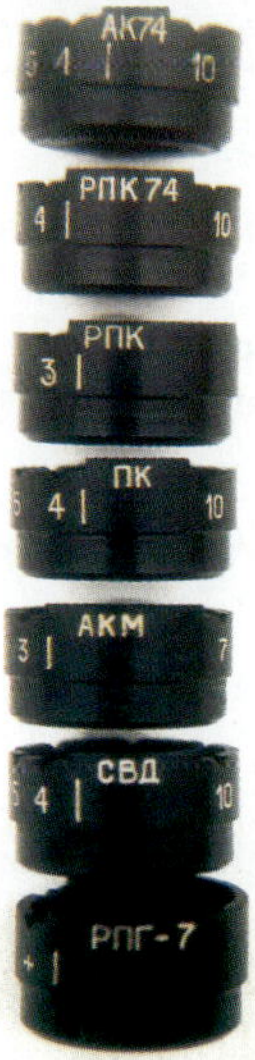

Abb. 2.37:
Diese 7 Höhentrommeln sind abgestimmt auf die Flugbahnkurven verschiedener leichter Infanteriewaffen.

Von oben nach unten:

AK-74	**5,45-mm-Sturmgewehr;**
RPK-74	**5,45-mm-leichtes Maschinengewehr;**
RPK	**7,62-mm-leichtes Maschinengewehr;**
PK	**7,62-mm-Maschinengewehr;**
AKM	**7,62-mm-Sturmgewehr;**
SVD	**7,62-mm-Scharfschützengewehr (Dragunow);**
RPG-7	**Panzerabwehrrohr mit 85-mm-Überkalibergranate.**

Das bedeutet, dass für besondere Aufträge unter Verwendung dieses Restlichtverstärkers mit jeder der oben angeführten leichten Infanteriewaffen die volle Nachtkampffähigkeit erreicht werden kann. Wesentlich ist das für den Einsatz von Scharfschützen und Panzerabwehrschützen.

2.7.2 Flachfeuerwaffen

2.7.2.1 Leichte Infanteriewaffen

Die Ausstattung des Panzergrenadiers bzw. des Infanteristen ist bei allen Armeen sehr ähnlich.

Sturmgewehre aus dem Bereich der ehemaligen WAPA-Staaten verwenden das Kaliber 5,45 x 39 mm*, im NATO-Bereich hat man sich auf 5,6 x 45 mm festgelegt. Vereinzelt wird auch

---

* 5,45 = Kaliber des Geschosses in mm, 39 = Hülsenlänge in mm. Das Bestimmen einer Munition mit dem Kaliber allein ist nicht möglich. Das Kennen der Hülsenlänge ist wesentlich. Beispiele: 7,62 x 39, 7,62 x 54R, 7,62 x 51.

noch das Kaliber 7,62 mm eingesetzt, allerdings in unterschiedlicher Konfiguration: Ost 7,62 x 39 mm bzw. 7,62 x 54 R*; West 7,62 x 51 mm.

Maschinengewehre verwenden in der Regel die Sturmgewehrmunition (siehe oben). Als üsMG Kaliber ist im Westen und Osten 12,7 mm, allerdings in unterschiedlicher Ausführung, in Verwendung. Ost 12,7 x 108 mm, West 12,7 x 99 mm. FlAMG auf Ostpanzern haben meistens ein Kaliber von 14,5 mm.

Die Leistungen dieser o.a. Waffen entsprechen jener der eigenen Bewaffnung.

2.7.2.2 Granatgewehre

Im NATO-Bereich werden Waffen mit Kaliber 40 mm, im Osten solche mit 30 mm verwendet. Die Munition der Granat-

Abb. 2.38: Drei Vertreter von Granatgewehren:

Innen: Grenade Launcher M-79 (US) aus den 60er Jahren. Einzellader mit Kipplauf.

Mitte: Automatic Rifle AR-16 mit Granatgerät (US). Ähnliche Ausführungen gibt es auch bei Kalashnikov.

Außen: Penn Arms SL 6-40. (US). Trommelmagazin mit Federmotor und 6 Granaten. Nicht zu verwechseln mit Flinten, welche ähnliches Aussehen haben, aber Schrotpatronen Kaliber 12 (= 18,2 mm) verschießen.

---

* Patronenhülse mit Rand.

gewehre ist nicht identisch mit jener der Maschinenwerfer, obwohl die Munitionsarten einander zum Verwechseln ähnlich sind.

Granatgewehre verschießen ihre Munition mit einer v_0 von 76 m/s. und weisen eine wirksame Schussweite von bis zu 400 m auf. Die Splitterwirkung liegt allerdings unter jener einer Handgranate.

In der Regel stehen folgende Granatarten zur Verfügung: Exerzier-, Übungs-, Spreng-, Mehrzweck-, Nebel-, Tränengasgranaten sowie Licht-Knallgranaten. Nachstehend der Aufbau einer solchen 40-mm-Granate.

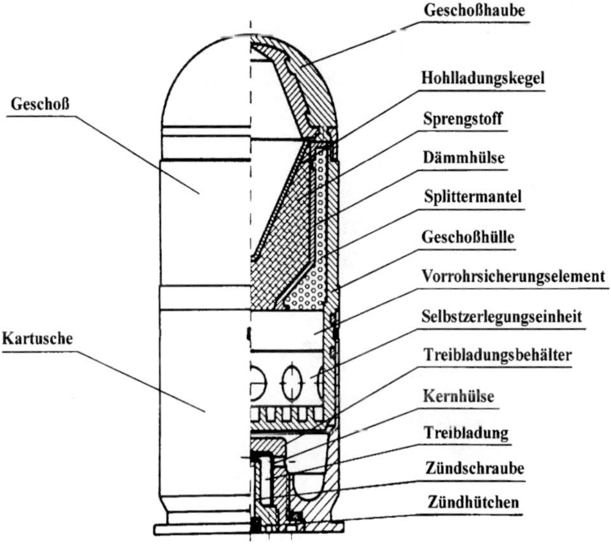

Abb. 2.39: Dargestellt ist eine 40-mm-Granate HE/DP (High Explosive/ Dual Purpose). Es handelt sich um eine Splittergranate (ca. 1 000 Stahlkugeln) mit Hohlladung. Die Granate eignet sich zur Bekämpfung von weichen und leicht gepanzerten Zielen. Sie hat einen Aufschlagzünder und eine Selbstzerstörungseinrichtung, welche nach 15 s detoniert.

2.7.2.3 Maschinenwerfer

Derartige Waffen verschießen Munition mit einer v_0 von 240 m/s und haben eine wirksame Schussweite bis zu 1 500 m. Die Splitterwirkung liegt unter jener der Handgranate. Verschiedene Granatarten stehen zur Verfügung.

Abb. 2.40: 40-mm-Maschinenwerfer LAG 40 SB-M1 (SP). Vollautomat, Gurtzuführung, 215 Granaten/min, Höchstschussweite 1 500 m.

Abb. 2.41: 30-mm-Maschinenwerfer AG-17 (GUS), angebracht am Turm eines im Kampfwert gesteigerten Schützenpanzers BMP-2. Vollautomat, Gurtzuführung, 65 Granaten/min. Wirksame Schussweite 1 200 m. Höchstschussweite 1 750 m. Diese Waffe, auf Dreibein lafettiert, wird auch ähnlich einem sMG zum Einsatz gebracht. Sie trägt dann die Bezeichnung AGS-17.

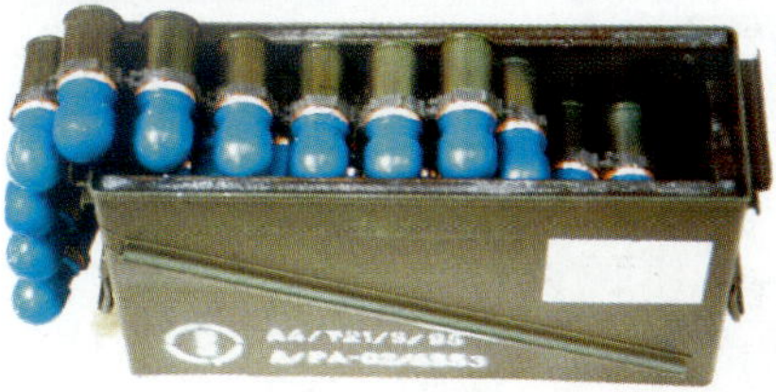

Abb. 2.42: Im Bild gegurtete 40-mm-Übungsgranaten, wobei jeder Gurt 32 Granaten enthält.

2.7.2.4 Kampfpanzer

Laufende Kampfwertsteigerungen erbrachten trotz hoher Durchschlagsleistung Schussentfernungen bis 4 000 m. Die Panzer weisen Vorhalterechner und eine volle Nachtkampffähigkeit auf. Weiters eine Stabilisierung der Kanone, wodurch ein Treffen

Abb. 2.43: Kampfpanzer „Leopard“ 2A5 (Deutschland).

Besatzung: 4 Mann.
Bewaffnung: Stabilisierte 120-mm-Glattrohrkanone mit Ladeautomatik. 1 koaxiales 7,62-mm-MG, 1 weiteres MG am Turm.
Munition: 42 Granaten.
Mehrschichtpanzerung und zusätzliche Panzerung gegenüber der Ausführung A4.

Abb. 2.44: Kampfpanzer T-72S (GUS).

Besatzung: 3 Mann.
Bewaffnung: Stabilisierte 125-mm-Glattrohrkanone mit Ladeautomatik. Zum Verschießen von lasergelenkten Panzerabwehrlenkflugkörpern vorgesehen, damit eine Reichweite von 4 000 m. 1 koaxiales 7,62-mm-MG, 1 12,7-mm-FlAMG.
Munition: 40 Granaten.
Reaktivpanzerung: Die Schürzenpanzerung besteht aus metallbewehrtem Kunststoff.

während der Fahrt möglich wird. Zusatzpanzerungen machen einfache Hohlladungen unwirksam. Die Angriffsgeschwindigkeit, die Geländegängigkeit und die Reichweite wurden ebenfalls erhöht. Moderne Kampfpanzer sind auch für das Tiefwaten, also das Durchfahren von Gewässern, geeignet.

2.7.2.5 Schützenpanzer

Am Gefechtsfeld treten in erster Linie Schützenpanzer auf. Sie unterscheiden sich von den Transportpanzern und gepanzerten

Mannschaftstransportwägen durch eine umfangreiche Bewaffnung, eine höherwertige Panzerung und die Fähigkeit der Besatzung, mit ihren leichten Infanteriewaffen den Feuerkampf unter Panzerschutz zu führen. Viele dieser Schützenpanzer sind schwimmfähig.

Abb. 2.45: Schützenpanzer BMP-2 (GUS).

Besatzung: 3 + Panzergrenadiergruppe.
Bewaffnung: 30-mm-Maschinenkanone und 7,62-mm-Maschinengewehr, sowie ein Starter für Panzerabwehrlenkwaffen. Kampfwertgesteigerte Modelle haben zusätzlich einen 30-mm-Maschinenwerfer AG-17. Der Richtschütze hat ein Wärmebildvisier.

2.7.3 Steilfeuerwaffen

2.7.3.1 Granatwerfer

Verwendet werden Kaliber von 60 bis 240 mm. Das 60-mm-Kaliber ist der Ausnahmefall für Spezialaufgaben. Die Mehrheit der Granantwerfer hat ein Kaliber um 8 und 12 cm. Die Höchstschussweite liegt beim Kaliber 120 mm bei 8 000 m, mit Zusatzantrieb jedoch bei 13 000 m. Die größte Feuergeschwindigkeit liegt bei etwa 20 Gr/min.

Abb. 2.46: 82-mm-automatischer Granatwerfer (Vasilek) (GUS).

Die Ladeautomatik ermöglicht bei dieser Waffe eine theoretische Kadenz von 100 Gr/min. Verwendung als Vorder- und Hinterlader. Panzerabwehrgranaten werden im Flachfeuer verschossen.
Bedienung: 4 Mann.
Höchstschussweite: 4 700 m.
Munition: Spreng-, Hohlladungs-, Nebel- und Brandgranaten.

2.7.3.2 Mehrfachraketenwerfer

Unberücksichtigt bleiben Raketensysteme, die über den taktischen Bereich hinausgehen.

Abb. 2.47: 122-mm-Mehrfachraketenwerfer BM-21 (GUS).

Bedienung: 6 Mann. Waffe: 40 Rohre, Abfeuern binnen 20 s. Eine Batterie kann somit in dieser Zeit einen Feuerschlag von 240 Raketen abgeben, dann folgt, um sich dem Gegenfeuer zu entziehen, der Stellungswechsel und das Nachladen.
Reichweite: bis 30 km.
Munition: Raketen von 2,8 und 3,25 m Länge mit 77,5 kg, daher zeit- und personalaufwändiger Ladevorgang. Spreng-, Splitter-, Nebel-, Brand- und chemische Gefechtsköpfe. Die Raketen werden auch als Träger von Panzer- und Schützenminen verwendet.

Mehrfachraketenwerfer haben Kaliber zwischen 122 und 300 mm. Die Mehrheit der Waffen gehört dem Kaliber 122 mm an. Das Nachladen der Waffen - wenige ausgenommen - ist zeitaufwändig und macht bei großen Kalibern den Einsatz von Ladekränen nötig.

Abb. 2.48: 122-mm-Mehrfachraketenwerfer RM-70/85 (ZK - Tschechien).
Charakteristik wie BM-21.
Besonderheit: Nachladehydraulik für weitere 40 Raketen, so dass binnen 2 min das Abfeuern von 80 Raketen möglich wird. Der Feuerschlag einer Batterie kann daher binnen 2 min 480 Raketen umfassen. Natürlich ist es auch möglich, eine Wechselstellung zu beziehen, um einen Folgeauftrag durchzuführen.

2.7.3.3 Artilleriegeschütze

Deren Kaliber liegt zwischen 105 mm bei der Luftlande- und Gebirgsartillerie und bis zu 203 mm bei den selbstfahrenden Geschützen. Am gebräuchlichsten ist im Osten und Westen das Kaliber um 150 mm.

Abb. 2.49: 155-mm-Panzerhaubitze M-109 (US).

Bedienung: 6 Mann.
Höchstschussweite: Bis zu 30 km (je nach Ausführung).
Munition: Spreng-, Nebel-, Leucht-, Brand-, Bomblet- und Streuminengranaten mit unterschiedlichen Zünderarten.
Das System ist in den Armeen des Westens am weitesten verbreitet.

Abb. 2.50: 122-mm-Kanonenhaubitze D-30 (GUS).

Bedienung: 7 Mann. Höchstschussweite: 15,4, mit Zusatzantrieb 21,9 km. Munition: Spreng-, Hohlladungs-, Leucht-, Nebel-Gr. Der Richtbereich von 360 Grad ermöglicht das Bekämpfen abseits gelegener Ziele und eine reaktionsschnelle Panzerabwehr.

Abb. 2.51: Moderne Artilleriemunition ist auch in der Lage, Panzerziele selbstsuchend zu finden.

2.7.4 Luftfahrzeuge

2.7.4.1 Kampfflugzeuge

Abb. 2.52: Sukhoj Su 25 (FROGFOOT) (GUS).
Charakteristik: Erdkampfflugzeug.
Bewaffnung: 1 30-mm-Maschinenkanone, 10 Flügelstationen für 4 400 kg Waffenlast.

Abb. 2.53: SU-25 mit voller Kampflast.

Abb. 2.54: SAAB JAS-39 „Gripen“ (Schweden).
(JAS = Jakt/Attack/Spaning = Jagd/Erdkampf/Aufklärung).

Charakteristik: Mehrzweckflugzeug.
Bewaffnung: 1 27-mm-Maschinenkanone, 6 Flügelstationen für verschiedene Kampflasten und Kamerabehälter.

2.7.4.2 Hubschrauber

Kampfhubschrauber

Abb. 2.55 a: Boeing AH-64D mit dem über dem Rotorkopf montierten Mastvisier.

Abb. 2.55 b: Boeing AH-64D „Longbow-Apache" (US). (AH = Attack Helicopter).

Besatzung: 2 Mann.
Charakteristik: Nachtkampftauglich, Mastvisier. (Abb. 2.55 a oben.)
Bewaffnung: 1 30-mm-Maschinenkanone, 16 lasergelenkte PAL „Hellfire" oder 76 ungelenkte 70-mm-Raketen. Als Verteidigungsbewaffnung können Luft-Luft-Lenkwaffen wie „Stinger", „Sidewinder" oder „Mistral" mitgeführt werden.

Abb. 2.56: Mil Mi-28 (HAVOC) (GUS).

Charakteristik: Panzerung für Piloten, Rumpftanks und lebenswichtige Systeme, nachtkampftauglich, Mastvisier (im Bild ohne dieses).
Besatzung: 2 Mann.
Bewaffnung: 1 30-mm-Maschinenkanone, 16 PAL AT-6 „Spiral“ und 40 ungelenkte 57- oder 80-mm-Raketen.

Transporthubschrauber

Abb. 2.57: Boeing, CH-47D „Chinook“ (US).
(CH = Cargo Helicopter)

Charakteristik: Ladekapazität 45 Mann, Luftbetankung möglich.
Besatzung: 2 Mann.
Bewaffnung: In der Regel unbewaffnet, jedoch auch Versionen mit 2 12,7-mm-MG und Luft-Luft-Lenkwaffen „Stinger“ ausgerüstet.

Abb. 2.58: Mil-Kazan Mi-17 MD (GUS).

Charakteristik: Ladekapazität 36 Mann, bewaffneter Transporthubschrauber.
Besatzung: 2 Mann.
Bewaffnung: Bis zu 4 x 32 57-mm-ungelenkte Raketen.

Schlussfolgerungen

Schutz vor den dargestellten Waffen und ihrer Wirkung bietet nur Tarnung, ausgezeichnete Stellungswahl und ausgezeichneter Stellungsausbau.

Die Wirkung der schweren Flachfeuerwaffen der Kampffahrzeuge und Luftfahrzeuge zwingt zum Verzicht auf umfangreiche Erdaufwürfe vor den Kampfdeckungen. Diese bestehen, auch wenn sie festgestampft werden, aus zu lockerem Erdreich mit einem ungenügenden Schutzfaktor.

Die Wirkung der Steilfeuerwaffen und Fliegerbomben zwingt zum Ausbau solider Schutzdeckungen.

Tarnung ist oberstes Gebot, denn Richtschützen können nur Ziele bekämpfen, die sie sehen oder die von Sensoren erkannt werden.

3. Versorgungsdurchführung

Der Erfolg einer militärischen Maßnahme ist einerseits abhängig von einer wohl durchdachten taktischen Einsatzplanung, andererseits von der ***Planung und Sicherstellung der Versorgung.***

> Versorgung ist die Bereitstellung von Sachgütern und Dienstleistungen zur Unterstützung der Truppe. Sie umfasst Nachschub, Abschub, Materialverwaltung, Materialerhaltung, sanitätsdienstliche Versorgung, Verpflegszubereitung, Feldpostwesen und andere Dienstleistungen. (MilLex)

Unerfahrene sind nicht selten der Auffassung, dass das Versorgen eine Selbstverständlichkeit wäre, um die sich der taktische Kommandant nicht kümmern müsse. Dieser nicht selten auftretende Irrglaube stellt eine Abwertung der Versorgung dar, deren Folgen sich katastrophal auswirken können.

Abb. 3.1: Fliegerabwehrbatterie mit FlA-Panzern M-42 beim Auftanken und Fassen der Verpflegung. Auch bei eigener Luftüberlegenheit ist eine derartige Massierung nicht statthaft. Friedensmäßige Verhaltensweisen sind in der Regel bequem, sie verleiten jedoch die Soldaten sowohl bei Übungen als auch im Einsatz zu falschem Verhalten.

Das Planen und Durchführen der Versorgung sind Tätigkeiten, welche nach den allgemein üblichen militärischen Führungsverfahren abzulaufen haben.

Das Durchführen der Versorgung erfordert oftmaliges Üben der Abläufe und ist nicht anders zu sehen als das Üben eines taktischen Verfahrens.

3.1 Versorgungspunkte Brigade/Bataillon

Bezeichnung für eine im Allgemeinen bewegliche oder verlegungsfähige Versorgungseinrichtung zur Versorgungsdurchführung im Einsatz oder bei Übungen mit Ausnahme des sanitäts- und veterinärdienstlichen Bereiches.
(MilLex)

Versorgungspunkte (VP) der Brigade (BrigVP) und des Bataillons (BVP) haben ähnliche Aufgaben. Nachfolgendes gilt daher für beide Einrichtungen.

3.1.1 Grundstruktur eines Versorgungspunktes

- Tarnung durch Nichtausschildern der Zufahrten.
- Tarnung durch Nutzung eines Waldes oder des verbauten Gebietes.
- Tarnung durch Einrichten eines Kfz-Warteraumes, um am Versorgungspunkt Massierungen zu vermeiden. Dabei darf es sich nicht um einen „Parkplatz" handeln, sondern um das getarnte und gesicherte Abstellen von Fahrzeugen im Schutz von Baumkronen oder von Hochbauten.
- Sicherung gegen subversive Kräfte oder Kommandotruppen.
- Verteidigung gegen durchgebrochenen Feind.
- Einbahnverkehr bei schmalen Zufahrtswegen.
- Möglichst ebenes Gelände, ohne Straßengräben.
- Straßen- und Wegezustand beachten. Schnee, Eisglätte und Dauerregen können das Durchführen der Versorgungstätigkeiten stark behindern.

- Brandschutzmaßnahmen sicherstellen. Neben dem Brandschutzgerät des VP sind auch die Handfeuerlöscher der Kfz für den Einsatz vorzusehen.
- Umweltschutzmaßnahmen beachten. Ölauffangwannen und Ölbindemittel bereithalten.
- Gefahrenklassen beachten.
- Wenn es die Kfz-Lage zulässt, sind die Versorgungsgüter auf ihren Transportfahrzeugen zu belassen. Das ist die Voraussetzung für einen problemlosen Stellungswechsel und das Bereithalten von beweglichen Versorgungspunkten. Wesentlich ist das vor allem bei schwerer Munition und sperrigen Gütern, wie z. B. den Stachelbandrollensätzen oder Verpflegungsvorräten. Die Voraussetzung sind ausgeklügelte Beladepläne für die einzelnen LKW.
- Die Versorgungstätigkeiten sind so zu organisieren, dass die Umschlagarbeiten und Ausgabetätigkeiten rasch abgewickelt werden können.

Eignung von Tiefgaragen für Versorgungspunkte

Abb. 3.2: Diese Tiefgarageneinfahrt scheint für einen Versorgungspunkt ungeeignet zu sein. Die Einfahrt ist offensichtlich zu niedrig und zu schmal, um mit einem aufgeplanten LKW einzufahren.

Tatsache ist: Nur die beiden Tore sind zu schmal und zu niedrig. Werden Torrahmen und Mechanik der Rolltore ausgebaut, entsteht eine riesige Einfahrt, die für die meisten LKW und Panzerfahrzeuge genügend breit und hoch ist. Es ist also durchaus zweckmäßig, derartige Einfahrten genau zu erkunden. Der Torausbau ist mit den Werkzeugsätzen eines Instandsetzungs- oder Pionierzuges jederzeit problemlos möglich.

Meistens sind diese zu niedrig gebaut und daher für das Einfahren mit Lastkraftwagen ungeeignet, besonders wenn es sich dabei um zivile Ergänzungskraftfahrzeuge handelt, die ja oft höher gebaut sind als militärische Kraftfahrzeuge. Ein Erkundungsteam darf sich aber durch bauliche Äußerlichkeiten nicht täuschen lassen.

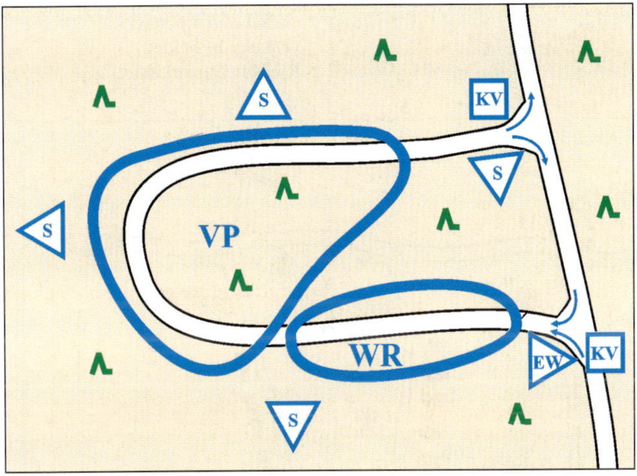

Abb. 3.3: Grundstruktur eines VP:

EW Einweiser und Sicherung;

WR getarnter Warteraum;

VP Versorgungspunkt;

KV Kreisverkehr;

S Sicherungsposten.

Auswahl eines Versorgungspunktes - Details eines Versorgungspunktes

Abb. 3.4:
Der Kartenausschnitt zeigt ein für die Versorgung geeignetes Waldgelände. Von der asphaltierten Hauptstraße zweigen Forststraßen mit festem Untergrund ab, welche einen einbahnigen Kreisverkehr in beiden Richtungen zulassen.

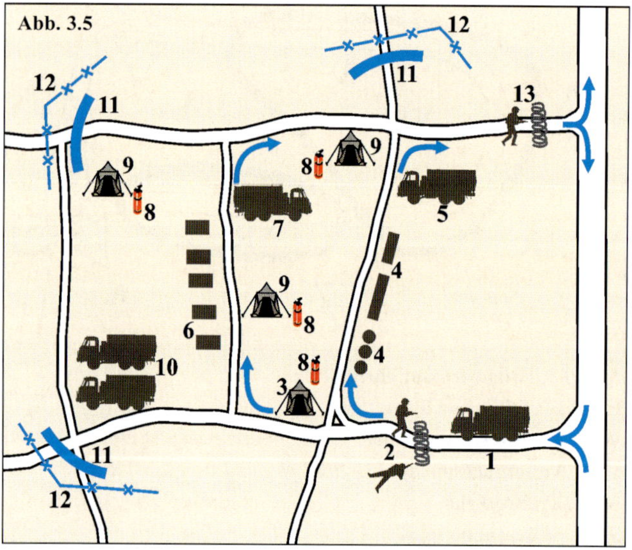

Abb. 3.5

Abb. 3.5: (siehe Seite 78).

1 Kfz-Warteraum mit Einweiser und Ablaufregler vorwärts des Versorgungspunktes;

2 Schnellsperre mit Sicherungsposten und Kontrollposten am Beginn des Versorgungspunktes;

3 Nachschubleitung, welche die Versorgungsgüter zuweist;

4 Betriebsmittelstapel;

5 beweglicher Versorgungspunkt/Betriebsmittel, z. B. LKW, beladen mit vollen Kanistern als Tankwagen;

6 Munitionsstapel;

7 beweglicher Versorgungspunkt/Munition, z. B. mehrere LKW mit Granatwerfer- und Artilleriemunition;

8 Brandschutzgerät, abgesetzt von brennbarem Gut;

9 Zeltlager der Nachschubsoldaten;

10 leere LKW;

11 vorbereitete Stellungen zur Verteidigung des Versorgungspunktes;

12 Sperren mit Alarmminen und Handgranaten mit manueller Auslösung;

13 Posten und Sperre an der Ausfahrt.

3.1.2 Versorgungspunkt/Munition (VP/Mun)

Abb. 3.6: Munitionsstapel und Brandschutzgerät.
Gut:
- VP/Mun im Hochwald, gute Tarnung gegen Luftbeobachtung.
- Munitionskisten auf Stapelhölzern, geschützt gegen Bodenfeuchtigkeit.

- **Die Munitionsabdeckplane schützt gegen Regen und ist auch eine Tarnung für den Stapel.**

Schlecht:

- **Das Brandschutzgerät ist zu nahe am Munitionsstapel. Bei einem Brand könnte es von der Löschmannschaft nicht mehr erreicht werden, da es im Bereich der möglicherweise abbrennenden und detonierenden Munition abgestellt wurde.**

Abb. 3.7: Nachschubhelfer bei der Arbeit.

Gut:

- **Obwohl im Hochwald, zusätzliche Tarnung der naturfarbenen Munitionskisten mit Tarnnetzen (oberer Bildrand).**
- **Munitionskisten und Artilleriegranaten werden durch Stapelhölzer und Munitionsabdeckplanen vor der Witterung geschützt.**

Schlecht:

- **Die 15,5-cm-Artilleriegranaten werden stückweise am Boden gelagert, anstatt sie auf dem MunLKW zu belassen.**

Was zum Nachdenken anregen sollte: Im Munitionslager wurde die Munition aufgeladen, am Versorgungspunkt unnötigerweise wieder abgeladen, um bei Bedarf wieder aufgeladen zu werden. In der Artilleriestellung wird sie dann neuerlich abgeladen. Eine Vielzahl überflüssiger Umschlagarbeiten, die nur Zeit und Kraft kosten und die Soldaten außerdem verärgern. Das Schlagwort „Schweiß spart Blut" ist hier nicht angebracht!

Abb. 3.8: Munitionsstapel mit welkem Laub.

Gut:

- **Nichts!**

Schlecht:

- **Naturfarbene, also ungetarnte Munitionskisten wurden, um mit dem Ladegerät besser arbeiten zu können, am Rand des Hochwaldes gestapelt. Die hellen Kisten, besonders hier, wo sie dem grellen Sonnen nenlicht ausgesetzt wurden, heben sich vom dunklen Hintergrund deutlich ab. Das Lagern von Munition in der prallen Sonne ist außerdem aus Sicherheitsgründen abzulehnen.**
- **Die nachfolgende Tarnung mit Laub ist atypisch. Welkes Laub zeigt auf einem Enttarnungsfilm, wie ihn die Luftaufklärung benützt, einen niederen Chlorophyllgehalt, der auf dem Luftbild erkennbar sein wird. Die Luftbildauswertung stellt die Koordinaten des VP fest, der angegriffen und zerstört werden wird.**

3.1.3 Versorgungspunkt/ Betriebsmittel (VP/BetrM)

Abb. 3.9: Betanken von Kanistern.

Gut:

- Abfüllen der Betriebsmittel bei Nacht.
- Flotte Arbeit durch Verwendung des großen Betankungssatzes.
- Verwenden einer Ölauffangwanne.
- Die Nachschubhelfer tragen Schutzbekleidung.

Hinweis:

- Im VP/BetrM werden Fahrzeuge in der Regel nicht betankt, sondern leere gegen volle Kanister getauscht.
- Das Abfüllen der Betriebsmittel in Kanister und deren Ausgabe ist zeitlich so zu regeln, dass die Betriebsmittelzufuhr zum Endverbraucher noch vor der Morgendämmerung abgeschlossen werden kann.

Schlecht:

- Nichts!

Abb. 3.10: Betriebsmittelstapel.

Gut:

- **Tarnung durch den Hochwald.**
- **Ebener, trockener Boden.**
- **Geordnete Stapel mit vollen Kanistern.**
- **Ölbindemittel wird in Säcken vor Ort gelagert.**

Schlecht:

- **Brandschutzgerät unmittelbar bei den Betriebsmittelstapeln abgestellt.**
- **Keine Ölauffangwanne vorhanden.**
- **200-l-Fässer stehen ohne erkennbare Ordnung herum.**

3.1.4 Versorgungspunkt/Instandsetzung (VP/I)

Die Anlehnung an eine zivile Kfz-Werkstätte ist die beste Grundlage für eine rasch arbeitende Truppeninstandsetzung. Landmaschinenwerkstätten sind wegen der Vielseitigkeit ihrer Ausstattung besonders geeignet. Problematisch wird immer der Warteraum für Schad-Kfz sein. Zweckmäßig ist es daher, Fahrzeuge erst dann zur Instandsetzung heranzuholen, wenn eine Werkstattkapazität oder getarnte Abstellplätze verfügbar sind.

Abb. 3.11: Werkstätteneinfahrten.

Die Eignung einer Werkstätte ist natürlich nicht nur von ihrer Ausstattung, sondern auch von der Größe der Werkstättentore abhängig. Die Außenmaße der zivilen Ergänzungs-Kfz sind ein maßgeblicher Faktor bei der Erkundung. Reine PKW-Werkstätten eignen sich infolge der niedrigen Einfahrten und der zu kleinen Reparaturboxen in der Regel nicht für militärische Zwecke.

3.1.5 Versorgungspunkt/Wirtschaft (VP/Wi) mit dem Wirtschaftsverwaltungstrupp

Bei den bisher beschriebenen Versorgungspunkten war deren Aufgabenbereich schon allein durch die Bezeichnung klar definiert, beim BVP/Wi ist der Umfang des Auftrages weitläufiger:

- Versorgung der Truppe mit Verpflegung und Trinkwasser.
- Zuteilung von Marketenderwaren. Die Zufuhr nichtalkoholischer Getränke ist dabei besonders wichtig.

- Ersatz von beschädigter Bekleidung und Mannesausrüstung.
- Versorgung mit frischer Unterwäsche.
- Auszahlung des Taggeldes im Wege des jeweiligen Wirtschaftsunteroffiziers der Kompanie.
- Bezahlung von anderen Ausgaben, wie Lagerstroh, angemieteten Räumlichkeiten, Abgeltung von Flurschäden usw.
- Übernahme und Verteilung der Feldpost.

Die „Partner" des BVP/Wi sind einerseits der Versorgungsgefechtsstand des Bataillons und andererseits die Versorgungsgruppen der Kompanien.

Abb. 3.12: Arbeitsbedingungen für Feldküchen:

Vom oben angeführten Aufgabenbereich kann die Notwendigkeit einer Arbeitsmöglichkeit im Trockenen abgeleitet werden. Diese russische Feldküche arbeitet unter erschwerten Bedingungen. Der Winter und die Lage in Tschetschenien diktierten die Arbeitsbedingungen! Unter diesen Umständen werden die Ergebnisse kaum optimal gewesen sein.

3.2 Einzelheiten des Bataillonsversorgungspunktes Wirtschaft (BVP/Wi)

3.2.1 Infrastruktur eines Bataillonsversorgungspunktes Wirtschaft (BVP/Wi)

Die Grundstruktur entspricht jener der anderen Versorgungspunkte gemäß Ziffer 3.1.1. Zusätzlich ist nötig:

- Auflockerung durch Teilung der Feldküchengruppe;
- Trinkwasser für die Feldküche;
- Kühlräumlichkeiten (zumindest Kühlmöglichkeiten);
- trockene Lagerung der Verpflegung und der Bekleidung;
- trockene Arbeitsmöglichkeit für die Feldküchentrupps;
- Sanitäranlagen;
- Abwasserbeseitigung;
- Abfallentsorgung.

Abb. 3.13: Die Feldküche 2000 der Firma Kärcher. Im Bild mit aufgebautem Dach, dessen Rundumplane aufgespannt einen guten Wetterschutz bietet. Die durch die FK 2000 nicht kleiner gewordene umfangreiche Ausstattung des Wirtschaftszuges für Feldküche und Vorräte kann Tarnungsprobleme als Folge haben. Siehe auch Fotos Seite 87.

3.2.2 Feldküchengruppe

Abb. 3.14: Der Umfang und die Beschaffenheit des Verpflegungsvorrates eines Jägerbataillons zwingt zu trockener und übersichtlicher Lagerung. Paletten schützen vor Bodenfeuchtigkeit. Ohne geeignete Lagermöglichkeiten bleiben die Vorräte auf den Transportfahrzeugen. Der Feldküchenbetrieb wird dadurch aber bedeutend erschwert!

Abb. 3.15:

Die gesamte Feldküchengruppe ist „geschlossen in Stellung“ gegangen.

Gut:

- Es herrscht Ordnung und Sauberkeit.

- **Die Ausgabe des Rohmaterials an die Feldküchengruppe wird zu einem einfachen Vorgang.**
- **Der Witterungsschutz ist zumindest teilweise gegeben.**

Schlecht:

- **Unzureichende Tarnung.**
- **Massierung aller Feldküchen auf einen Platz. Bei Feindeinwirkung wird die gesamte Gruppe ausfallen und damit auch die Zubereitung der warmen Verpflegung für das gesamte Bataillon.**

Es ist nötig, die Feldküchengruppe zumindest auf 2 Kochplätze aufzuteilen. Damit wird

- zwar die Aufteilung des Rohmaterials komplizierter,
- aber gleichzeitig ein Totalausfall aller Feldküchen unwahrscheinlicher und damit
- die Unterbringung der aufgeteilten Feldküchengruppe erleichtert,
- möglicherweise auch eine Verkürzung der Nachschubwege erreicht, und 2 oder 3 Feldküchen sind einfacher unterzubringen als 5 oder gar 6 im geschlossenen Kochbetrieb.

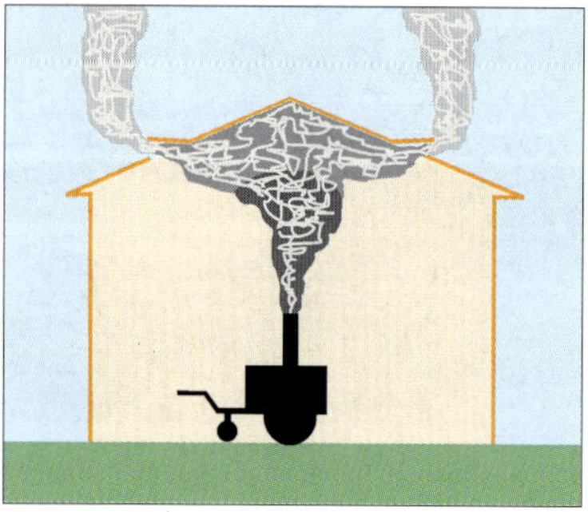

Abb. 3.16: Die Feldküche ist in einer Halle aufgestellt. Der Rauch kann abkühlen und abziehen, ähnlich wie bei einer „Rauchkuchl" eines alten Bauernhauses. Voraussetzung dafür sind natürlich Rauchabzugsmöglichkeiten, wie offene Dachluken, ausgehängte Dachplatten oder Dachziegel. Die Wärmeabstrahlung wird teilweise noch vorhanden sein, ein Erkennen der Ursache allerdings unmöglich oder zumindest erschwert. Ist diese Lösung ausgeschlossen, muss die Feldküche allerdings auf jeden Fall zumindest gegen Sicht geschützt werden.

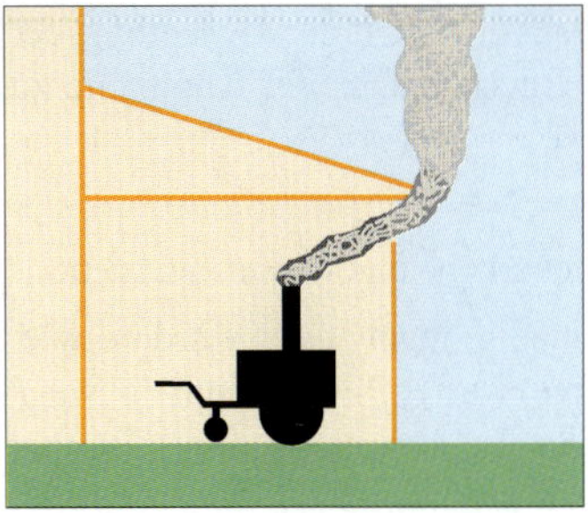

Abb. 3.17:
Feldküche unter einem Flugdach. Ein flexibles Alu-Rohr wird über den Kamin gestülpt. Die Wärmeabstrahlung und der Rauch bleiben erkennbar, deren Verursacher, die Feldküche, allerdings nicht.

3.2.3 Verpflegungsvorrat

Die Verpflegungsversorgung stützt sich im Normalfall auf die Möglichkeiten des Landes ab. Wenn dies nicht möglich ist, steht die Erstausstattung zur Verfügung.

Diese besteht für jeden Mann aus:

- 7 Tagessätzen Verpflegung

  für die Einsatzvorbereitung, wobei 2 Tagessätze in den Einsatzraum mitzunehmen sind (werden auf der Feldküche zubereitet);

- 3 Tagessätzen Erstausstattung Verpflegung,

  die der Gefechtsführung dient und in Form von „Combat Rations" bevorratet wird;

- 2 Tagessätzen Basisvorrat,

  welcher als disponierbarer Bestand bevorratet wird.

3.2.4 Verpflegungsstärke

Eigentlich wäre es nicht erwähnenswert, dass die ***genaue Verpflegungsstärke*** die Grundlage einer geordneten Versorgung darstellt.

Zu berücksichtigen ist dabei:

- Die ***Verpflegungsstärke der Züge*** ist unter Beachtung der Truppeneinteilung und des Einsatzplanes der Kompanie zu erstellen. Einzurechnen sind:
  = unterstellte Teile;
  = Teile, die auf Zusammenarbeit angewiesen wurden;
  = Teile, die versorgungsmäßig angewiesen wurden, wie Beobachter der schweren Waffen, Funktrupps, bewegliche Versorgungsteile usw.
- Die ***Verpflegungsstärke der Kompanie*** ist für den zugsweisen Nachschub über den Versorgungsverteilungspunkt der Kompanie weniger wichtig. Schließlich ist ***zugsweise zu portionieren!***

Die Feldküche hat daher die auszugebende Verpflegung nicht kompanieweise, sondern zugsweise vorzubereiten, und das unter Beachtung der oben angeführten Punkte, also nach taktischen Erfordernissen. Diese Vorgangsweise ist aufwändig, für die Züge allerdings die einzig sinnvolle Möglichkeit.

Es ist eine wichtige Aufgabe des Kommandogruppenkommandanten und der Zugskommandanten, die Verpflegungsstärke mit Genauigkeit und Umsicht zu ermitteln und rechtzeitig zu melden. Dies ist Voraussetzung für das Funktionieren der Versorgung und die Minimierung der Versorgungsfahrten.

Eine zufriedenstellende Versorgung mit Verpflegung wird vom Soldaten als selbstverständlich angesehen, trotzdem sollen die damit in Zusammenhang stehenden Arbeiten in Erinnerung gebracht werden:

- Meldung der Verpflegungsstärke, die Genauigkeit hat bereits beim Trupp zu beginnen!
- Bei der Feldküche: Berechnen der zu verkochenden Mengen. Rechtzeitige Zubereitung (weder zu früh, noch zu spät), Aufteilung auf die Transportgebinde unter Beachtung der aktuellen Truppeneinteilung.

- Abholung durch die Versorgungsgruppe der Einheit und gesicherter Transport zum Versorgungsverteilungspunkt.
- Mit der Verpflegung sind Reinigungsmittel für die Essgeschirre der Soldaten auszugeben.
- Transport zu den Endverbrauchern durch die Züge (zu den versorgungsmäßig angeschlossenen Teilen im Verantwortungsbereich der Züge, z. B. Beobachter).
- Es liegt im Verantwortungsbereich der Gruppenkommandanten, dass die Soldaten für die Reinigung der Essgeschirre sorgen.
- Rückgabe der Leergebinde durch die Züge an die Versorgungsgruppe.
- Gesicherter Rücktransport der Leergebinde in den Versorgungsraum.
- Reinigen der Leergebinde.
- Und nun beginnt wieder alles von vorne!

3.2.5 Bekleidungsvorrat

Abb. 3.18:
Der Bekleidungsvorrat des Truppenkörpers ist ebenso empfindlich wie der Verpflegungsvorrat. Trockene Lagerung ist wichtig, dies gilt natürlich auch für die zur Ausgabe vorgesehene, gereinigte Leibwäsche.

3.3 Kontamination/ Dekontaminationsplatz

Kontamination ist die zusammenfassende Bezeichnung für

- ***Verstrahlung,***
- ***Verseuchung*** und
- ***Vergiftung***. (MilLex)

3.3.1 Die Zeit nach Tschernobyl

Nicht allein das Unglück von Tschernobyl und die umfangreichen Arsenale chemischer und bakteriologischer Waffen haben ABC-Abwehrmaßnahmen aktualisiert, sondern auch die Umweltsituation und Unglücksfälle bei Transporten gefährlicher Güter. Dekontaminationsmaßnahmen sind heute aktueller als zur Zeit des Kalten Krieges.

Abb 3.19: Großraumhubschrauber Mi-26 bei der Durchführung von Schutzmaßnahmen beim AKW Tschernobyl. Sand und Bleistaub wird abgeworfen. Die ungeschützten Hubschrauberbesatzungen haben ihren Einsatz mit dem Leben bezahlt. Die Hubschrauber sind natürlich auch verstrahlt und unbrauchbar geworden - offen treten die Mängel der ABC-Abwehrausbildung und der ABC-Schutzmaßnahmen der ehemaligen Sowjetarmee zutage.

Abb. 3.20: Der Weg der Tschernobyl-Wolke beweist, dass auch weit entfernte Gefahrenquellen durch Luftströmungen gefährlich werden können.

Abb 3.21, 3.22: Der ABC-Abwehrzug des Militärkommandos Oberösterreich beim Spüren am Grenzübergang Wullowitz und bei der Überprüfung einreisender ausländischer LKW anlässlich der zu erwartenden Verstrahlung. Das Strahlenspürgerät ist mit Außensonden ausgestattet.

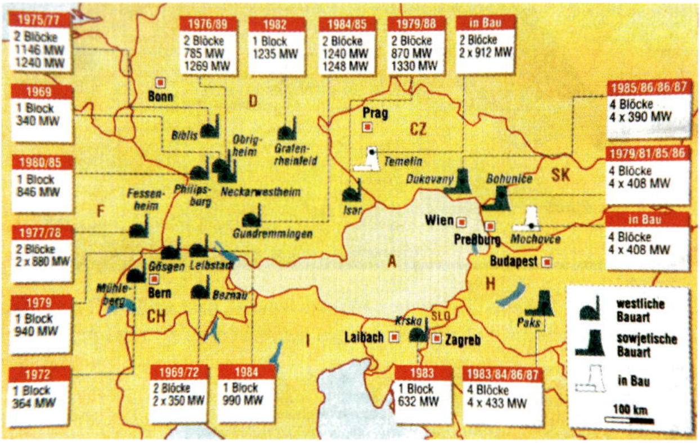

Abb. 3.23: AKW rund um Österreich. Eine atomare Verstrahlung ist auch im Frieden jederzeit wieder möglich.

3.3.2 ABC-Abwehrkompanie (ABCAbwKp)

3.3.2.1 Organisation

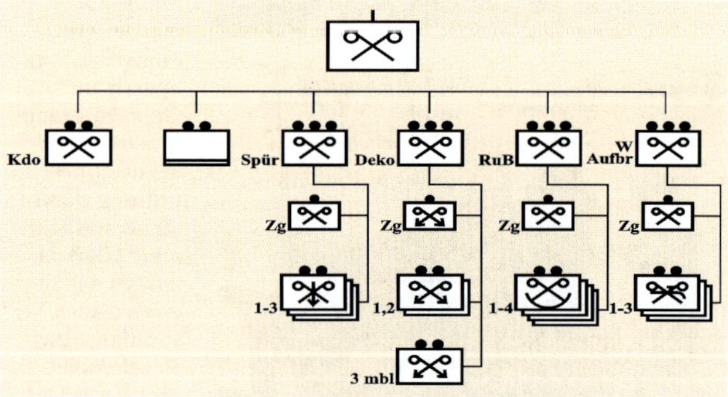

Abb. 3.24: Neben der Kommandogruppe und Versorgungsgruppe verfügt die ABCAbwKp über 4 Züge:

- Die Kommandogruppe ist fachspezifisch gegliedert und verfügt über eine mobile Melde- und Auswertezentrale (mblMAZ).
- I. Spürzug;
- II. Dekontaminationszug;
- III. Rettungs- und Bergezug;
- IV. Wasseraufbereitungszug.

3.3.2.2 Spürtrupp

Abb. 3.25:
Spürtrupp beim Spüren nach chemischen Kampfstoffen.

- Links: Spürer 1.
- Mitte: Truppkommandant mit Meldetasche.
- Rechts: Spürer 2 mit dem Markierungsmaterial.

Der im Bild befindliche Spürtrupp ist mit dem Schutzanzug 90 mit Belüftungsgerät ausgerüstet, das sowohl eine Komfortverbesserung durch geringeren Atemwiderstand als auch eine höhere ABC-Sicherheit bietet.

3.3.2.3 Mobiler Deko-Trupp

Abb. 3.26: sLKW des mobilen Deko-Trupps. Am Fahrzeug befinden sich ein 2 500-l-Wassertank und für weitere 1 500 l zwei Falttanks sowie das Gerät für den mobilen Deko-Platz. Das Fahrzeug hat eine eigene Frontsprüheinrichtung zum Legen eines „Teppichs“. Durch diesen wird die Eigenkontamination unterbunden. Am Fahrzeugheck befindet sich eine Streueinrichtung für ein pulverförmiges Dekontaminationsmittel.

3.3.3 Fachausdrücke

Dekontamination ist die zusammenfassende Bezeichnung für

- ***Entstrahlung***
- ***Entseuchung*** und
- ***Entgiftung***.

Entstrahlung ist die Beseitigung radioaktiver Stoffe.

Entseuchung ist das Unschädlichmachen von Krankheitserregern und Giftstoffen biologischen Ursprungs.

Entgiftung ist die Beseitigung, Neutralisierung oder Vernichtung chemischer Stoffe.

Dekontaminationsplatz ist ein Ort, an dem sich eine Einrichtung zur Entstrahlung, Entseuchung und Entgiftung befindet.

(Alle Fachausdrücke: MilLex)

3.3.4 Dekontaminationsplatz (DekoPl)

Der DekoPl wird von der ABC-Abwehrkompanie aufgebaut und betrieben.

3.3.4.1 Einsatzgrundsätze des Dekontaminationsdienstes

Der Einsatz erfolgt dann, wenn

- Truppen mit ihrer Ausrüstung durch ABC-Kampfmittel verstrahlt, verseucht oder vergiftet sind und eine Dekontamination mit eigenen Mitteln nicht entsprechend durchgeführt werden kann,
- Gefechtsstände, Versorgungseinrichtungen oder Gelände nicht durch das sich dort befindliche Personal dekontaminiert werden können oder
- kleinere Geländeteile, hauptsächlich Verkehrsflächen, dekontaminiert werden müssen.

3.3.4.2 Aufbau des Deko-Platzes

Wesentlich ist es, den DekoPl auf einem nicht kontaminierten Gelände aufzubauen. Darunter kann auch beispielsweise die Nutzung einer Sporthalle zu verstehen sein.

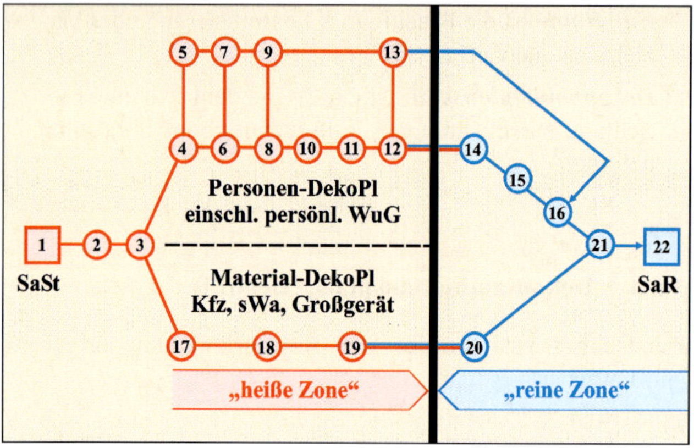

Abb. 3.27:

Darstellung eines schematischen Aufbaus eines Deko-Platzes:

1 Sammelstelle;

2 Abrufstelle;

3 Eingangskontrolle und Abgabe von s-Waffen, Kfz und Gerät.

Dekontamination von Personal mit der persönlichen Bewaffnung und Ausrüstung:

4 Handfeuerwaffen- und Geräteabgabe;

5 Handfeuerwaffen- und Gerätedekontamination;

6 Schuhabgabe;

7 Schuhdekontamination;

8 Bekleidungs- und Wertsachenabgabe;

9 Bekleidungskontrolle;

10 Selbst- und Kameradenhilfe;

11 Waschstation;

12 Schutzmaskenabgabe;

13 Schutzmaskendekontamination;

14 Kontrollstation;

15 Sanitätsstelle;

16 Handfeuerwaffen-, Bekleidungs- und Ausrüstungsausgabe.

Dekontamination von s-Waffen, Kfz und Großgerät:

17 Vorreinigung;

18 Hauptreinigung;

19 Nachreinigung;

20 Nachkontrolle;

21 s-Waffen-, Kfz- und Geräteausgabe;

22 Sammelraum für den Abmarsch.

Folgend einige Fotobeispiele für die in der Abbildung 3.27 bezeichneten Stationen des Dekontaminationsplatzes:

Abb. 3.28: Station 3. sLKW als mobiles Dekontaminationsfahrzeug. Es handelt sich um die Eingangskontrolle von eigenem kontaminiertem Personal.

- **Links: Spürer.**
- **Mitte: Kontaminierter Spürer der ABCAbwKp.**
- **Rechts: Ein Soldat dieser Kompanie saugt den Kontaminierten mit einem Nass-Trockenstaubsauger ab.**

Abb. 3.29: Stationen 4 - 8. Abgabe der Ausrüstung und der Waffe.

Abb. 3.30: Station 5. Nicht nur die Dekontamination der Waffen läuft hier ab, sondern auch deren Entfettung. Zum Wiederherstellen der Einsatzbereitschaft genügt daher nicht das herkömmliche Einölen. Das Waffenöl muss beispielsweise beim MG 74 auch in die Abzugseinrichtung und Laufvorholeinrichtung eingebracht werden. Sinngemäß ist bei den anderen Waffen zu verfahren.

Abb. 3.31: Station 7. Rotes Dreieckschild: Heiße Zone!

Abb. 3.32: Station 10 und 11. Im 1. Zelt läuft die Selbst- und Kameradenhilfe ab. Im 2. Zelt befindet sich die Duschstation.

Abb. 3.33: Station 11, hier als eine behelfsmäßige Duschanlage.

Abb. 3.34: Station 17 und 18. Vor- und Hauptreinigung von Großgerät.

3.3.4.3 Leistung des Deko-Platzes

Als Anhaltswert ist je Stunde 1 Jägerzug mit Waffen, Munition, Gerät und Kfz anzunehmen. Einzelheiten:

- ***Durchlaufzeit je Soldat*** beträgt ***40 min***, davon 10 min Duschzeit;
- ***Durchlaufzeit je Kfz*** beträgt ***45 min***. Diese Zeit umfasst Vorreinigung, Hauptreinigung, Einwirkzeit, Nachkontrolle.

Der Wasserverbrauch des DekoPl, eingerichtet für Personal, Waffen und Gerät, kann bis zu 20 m^3/h betragen.

3.3.4.4 Entscheidungen des Kommandanten der zu dekontaminierenden Truppe

Der Bataillonskommandant, schließlich aber auch der Brigadekommandant müssen die Dekontaminationsmöglichkeiten beurteilen.

Zu beachten ist, dass ein Jägerbataillon, Stabs- und Versorgungsteile eingerechnet, aus etwa 25 zugsstarken Elementen besteht. Der DekoPl wird also für einen gesamten Tag, die Nacht eingeschlossen, gebunden. Die anderen Truppen der

Brigade müssten kontaminiert im Einsatz bleiben oder, wenn sie abgelöst werden, warten - ein untragbarer Zustand.

Es ist daher eine Vorgangsweise, ähnlich der Versorgung Verwundeter, also eine ***Sichtung und Beurteilung*** im Einzelnen, nötig. Abhängig von der Stärke der Kontamination muss daher entschieden werden, welche Soldaten, Waffen, Kfz und welches Gerät

- auf dem ***DekoPl versorgt*** werden müssen,
- sich infolge geringerer Kontamination vorläufig einer ***behelfsmäßigen Deko*** unterziehen können oder
- ***keiner Deko*** bedürfen.

3.4 Sanitätsdienstliche Versorgung

Die sanitätsdienstliche Versorgung stützt sich auf verschiedene Sanitätselemente ab, die den einzelnen Führungsebenen zuzuordnen sind.

3.4.1 Sanitätselemente

Führungsebene	**Sanitätsmaßnahmen zu setzen durch**
Zug	Selbst- und Kameradenhilfe (SKH)
Kompanie	Sanitätstrupp (SanTrp) im Verwundetennest (VrwN), Herstellen der Transportfähigkeit.
Bataillon	Sanitätszug (SanZg) im Truppenverbandplatz (TVPl). Hier erfolgt die erste ärztliche Versorgung.
Brigade	Feldambulanz (FAmb) im Hauptverbandplatz (HVPl). Hier erfolgt die erste fachärztliche Versorgung.

Abb. 3.35

3.4.2 Sanitätsversorgung im Frieden

Diese Maßnahmen haben nichts mit dem Üben des Sanitätseinsatzes für den Ernstfall zu tun, sondern erstrecken sich auf ***„Realfälle"***.

Hier wird auch bei Ausbildungen die taktische Phase (für die unmittelbar Beteiligten) sofort zur Hilfeleistung unterbrochen.

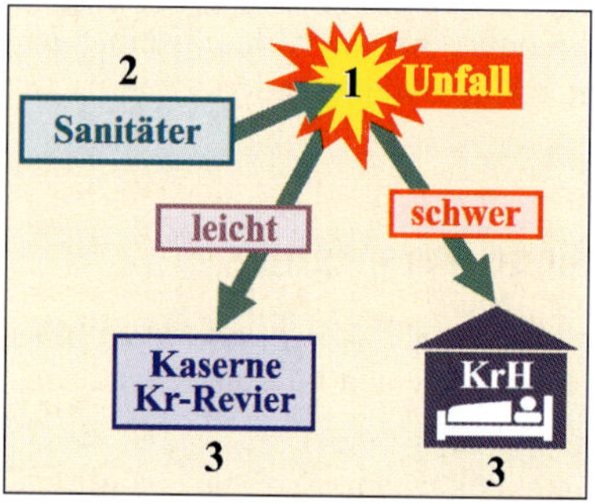

Abb. 3.36:

1 Am Ort der Verletzung Erste Hilfe als Selbst- oder Kameradenhilfe.

2 Sanitäter oder San-Trupp sorgen für das Herstellen der Transportfähigkeit.

3 Rascher und direkter Transport des Verletzten an den Ort der Versorgung.

Ziel der Sanitätsversorgung im Frieden ist es, den Verletzten rasch einem Arzt zur so genannten Endversorgung zuzuführen.

Leichte Fälle kommen in das Krankenrevier einer nahe gelegenen Kaserne. Schwere Fälle sind in das nächste Krankenhaus zu transportieren.

3.4.3 Sanitätsversorgung im Einsatz

Der Ablauf der Verwundetenversorgung im Einsatz ist gleichzeitig der Übungsablauf einer Sanitätsübung.

> ***Es kommt darauf an, den Verwundeten möglichst rasch der Endversorgung zuzuführen. Die Richtzeit beträgt 6 Stunden. Seine Überlebenschancen sind dann hoch.***

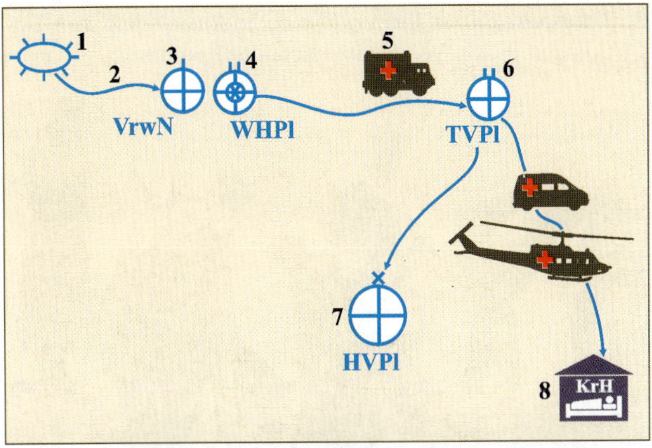

Abb. 3.37: San-Versorgung im Einsatz. Die nachfolgenden Zahlen 1 bis 8 beziehen sich auf die entsprechenden Zahlen in der Skizze oben, die Bilder dazwischen (bis Seite 109) dienen der Verdeutlichung.

1 Am ***Ort der Verwundung*** wird der Verletzte in die nächste Deckung gebracht. Es wird Erste Hilfe als Selbst- oder Kameradenhilfe geleistet.

Abb. 3.38: Erstversorgung im Schutz eines Panzers.

2 ***Transport durch Kameraden*** unter Ausnützung von Deckungen in das Verwundetennest der Kompanie.

Abb. 3.39: Soldaten der Deutschen Wehrmacht beim Verwundetentransport. In allen Kriegen haben sich Soldaten um ihre verwundeten Kameraden bemüht.

3 Im ***Verwundetennest (VrwN)*** der Einheit erfolgt die erste sanitätsdienstliche Versorgung durch Sanitätspersonal. Diese beinhaltet die erste fachliche Behandlung sowie die Überprüfung und Ergänzung der bisherigen Maßnahmen.

4 Der ***Wagenhalteplatz*** liegt in unmittelbarer Nähe beim Verwundetennest. (Beide Orte sind gegen Flachfeuer geschützt.)

5 Für die Fahrt zum Truppenverbandplatz ist ein ***Sanitätsfahrzeug vorgesehen.*** Bei Anfall zahlreicher Verwundeter werden allerdings auch andere Fahrzeuge benutzt werden müssen. Eine ***Sanitätstransportreserve*** ist bereitzuhalten. Die Beladeмöglichkeiten der unterschiedlichen behelfsmäßigen SanTrsp-Mittel müssen beherrscht werden - ein wesentlicher

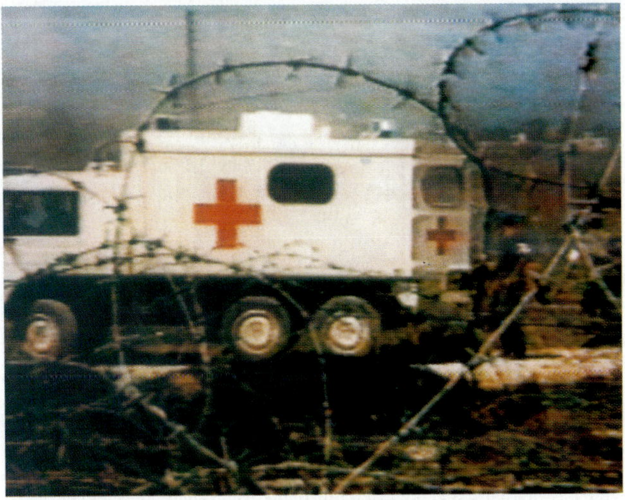

Abb. 3.40: Auch im UN-Einsatz muss infolge möglicher Feindeinwirkung rasch gehandelt werden. Weiß gekennzeichnete Fahrzeuge sind nicht immer Garanten der Sicherheit und werden je nach Land und Mentalität der kriegführenden Parteien unterschiedlich geachtet.

Faktor für die Transportausbildung! Die Kennzeichnung dieser Fahrzeuge mit dem Roten Kreuz ist verpflichtend.

6 Die ***erste ärztliche Versorgung*** erfolgt am ***Truppenverbandplatz*** (TVPl): Feststellen des ***Grades der Verwundung*** durch die so genannte Triage (Sichtung). Am TVPl werden ***keine Operationen*** durchgeführt. Die Triage ermöglicht dem Kommandanten des TVPL eine effiziente Gestaltung der Transportreihenfolge und einen rationellen Einsatz der zur Verfügung stehenden Transportmittel. Es geht auch hier um die Verbesserung der Transportfähigkeit für den Weitertransport zur Endversorgung zum Hauptverbandplatz oder in ein Krankenhaus.

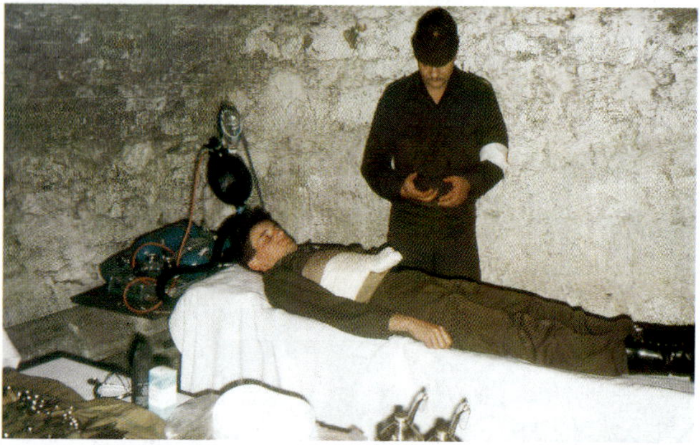

Abb. 3.41: Der Truppenverbandplatz liegt meistens im Wirkungsbereich der feindlichen Artillerie. Keller, auch wenn diese nicht besonders gute Arbeitsbedingungen für Arzt und Sanitäter bieten, sind zu bevorzugen. Hochbauten eignen sich nur dann, wenn sie so gelegen sind, dass sie zumindest vor Flachfeuer schützen.

7 Die ***erste chirurgische Versorgung*** durch ein Operationsteam erfolgt am Hauptverbandplatz.

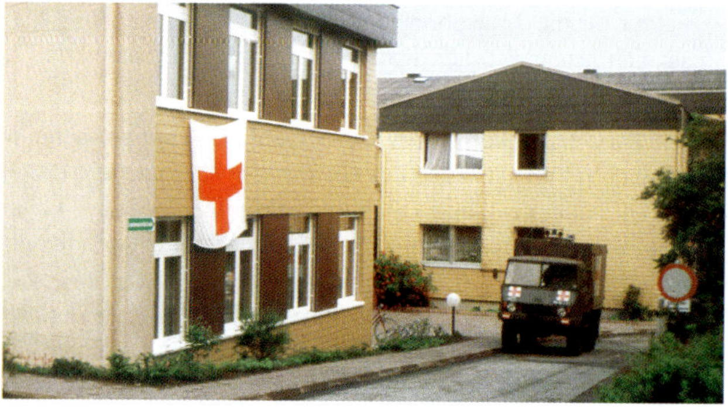

Abb. 3.42: Schulen sind infolge ihrer räumlichen Struktur für den Hauptverbandplatz gut geeignet.

8 Wenn die ***Sanitätsendversorgung*** nicht am Hauptverbandplatz durchgeführt werden konnte, erfolgt die endgültige Behandlung unter Spitalsverhältnissen.

Abb. 3.43: Der Hubschrauber war und ist Garant für einen raschen Abschub verwundeter Soldaten und deren Rettung.

Nie darf ein Verwundeter zurückgelassen werden!

3.4.4 Erhaltung der Gesundheit

Die Erhaltung der Gesundheit ist nicht Angelegenheit des Sanitätsdienstes, sondern liegt im Verantwortungsbereich der Kommandanten.

Es ist daher die Pflicht der Kommandanten, vorausschauende Maßnahmen bei Kälte und Hitze zu treffen.

Abb. 3.44: Überraschender Wintereinbruch im Frühjahr oder Herbst ist keine Seltenheit. Nicht allein im Gebirge, sondern auch in exponierten Lagen des Flachlandes muss immer damit gerechnet werden. Die Mitnahme geeigneter Bekleidung hat auch dann zu erfolgen, wenn man glaubt, für diese keine Verwendung zu haben.

Abb. 3.45: Sind keine brauchbaren Duschmöglichkeiten vorhanden, kann eine ABC-Abwehrkompanie aushelfen und einen Dekontaminationsplatz einrichten und betreiben. Dabei wird erreicht:

- kennenlernen der Verhaltensweisen auf einem Deko-Platz;
- körperliche Reinigung;
- Wäschetausch unter feldmäßigen Bedingungen einschließlich der Entsorgungsnotwendigkeiten und
- betreiben dieses Platzes durch die ABC-Abwehrkompanie.

Es ist auch Aufgabe der Kommandanten, alles daranzusetzen, dass die Soldaten die ***Möglichkeit der körperlichen Reinigung*** erhalten. Duschen in Schulgebäuden haben meistens ausreichende Kapazität für ganze Züge, welche sich im Wechsel, unter Beachtung taktischer Zwänge, dort reinigen können.

Die ***Maßnahmen zur Erhaltung der Gesundheit*** sind nicht auf freiwilliger Basis durchzuführen, sondern zu ***befehlen*** und im Rahmen der ***Dienstaufsicht***, vor allem von den Zugs- und Kompaniekommandanten, genau zu ***überwachen.***

3.5 Regelung der Versorgungsverantwortung

Dieser Abschnitt steht in Zusammenhang mit dem Kapitel 13 im Band 43C „Truppeneinteilung und ihre Folgen".

3.5.1 Unterstellung

Ist die Vollständige oder auf Teilbereiche begrenzte Zuordnung von Truppen oder einzelnen Soldaten unter ein Kommando durch Truppengliederung oder Truppeneinteilung.

3.5.2 Auf Zusammenarbeit angewiesen (aZa)

Ist ein Befehlsverhältnis für einen festzulegenden Zweck, welches ein Kommando, eine Truppe, Dienststelle oder einzelne Personen zur Erfüllung von Aufträgen verpflichtet, sofern nicht Befehle des gemeinsam vorgesetzten Kommandos entgegenstehen. Die versorgungsmäßige Verantwortung ist erforderlichenfalls gesondert zu regeln.

3.5.3 „Anweisung, versorgungsmäßige"

Ist eine Führungsmaßnahme, die eine Truppe, ein Kommando eine Dienststelle oder einzelne Personen hinsichtlich Teilbereichen der Versorgung einem anderen Kommando zuordnet, als sie gemäß Truppengliederung unterstellt oder auf Zusammenarbeit angewiesen sind.

(Definitionen 3.5.1, 3.5.2 und 3.5.3 gemäß MilLex.)

Beispiel:

Lage:

- Das Jägerbataillon (JgB) ist mit einer Panzerhaubitzbatterie (PzHBt) aZa. Der Beobachtungstrupp (BTrp) wird in einem Infanteriestützpunkt im Vorderen Rand der Verteidigung (VRV) eingesetzt.
- Die Versorgung des BTrp würde die Versorgungsgruppe der PzHBt zwingen, nicht allein die in der Tiefe des Verteidigungsbereiches eingesetzten Artilleristen, sondern auch die vorne eingesetzten Beobachter versorgen zu müssen.

Folgen bei der Artillerie:

- Lange Versorgungswege.
- Unnötige Transportbewegungen.
- Gefährdung der Versorgungstransporte.
- Unruhe im VRV durch Nichtortskundige.
- Verspätete Zufuhr von Versorgungsgütern infolge zu langer Transportwege. Das würde sich vor allem bei der Verpflegung sofort negativ auf die Stimmung der Truppe auswirken.

Maßnahmen:

- ***Brigade*** weist den BTrp/PzHBt jenem JgB versorgungsmäßig an, in dessen Gefechtsstreifen er eingesetzt ist.
- ***Bataillon*** verfährt sinngemäß und macht jene Jägerkompanie für die Versorgung des BTrp verantwortlich, in deren Gefechtsstreifen dieser in Stellung ist.
- ***Kompanie*** geht genau so vor und überantwortet die Versorgung des BTrp jenem Zug, in dessen Stützpunkt (oder in dessen Nähe) sich der BTrp befindet.
- ***Zug*** ist für den BTrp versorgungsmäßig verantwortlich, führt ihn in seinen Bestandsmeldungen (Personal, Versorgung) und hat für dessen Bedürfnisse aufzukommen, wie Verpfle-

gung, Munition für leichte Waffen, Sperrmaterial, Nahkampfmittel, Betriebsmittel, Batterien, Verwundetenversorgung usw.

Unabhängig von den angeführten Regelungen spielt auch der Versorgungsanteil eine wesentliche Rolle.

3.5.4 Versorgungsanteil

Versorgungsanteil ist der bei Änderung des Unterstellungsverhältnisses den abzugebenden Kräften mitzugebende Anteil von Versorgungsteilen und Versorgungsgütern. (MilLex)

Beispiel:

Jagdpanzerzug (JaPzZg) wird dem Jägerbataillon unterstellt. Er hat mitzubringen:

- Betriebsmittel;
- Munition;
- Panzerinstandsetzungstrupp;
- Panzerbergetrupp (wenn möglich);
- Gruppenzelte;
- Anteil an der Verpflegung (die Verpflegstagessätze);
- Anteil an Verpflegsgerät wie Kochkisten, Essenträger und Wasserkanister;
- Sanitätstrupp (wenn erforderlich).

3.6 Bataillonsversorgungsraum (BVersR)

Jener innerhalb des Raumes für die Versorgung festgelegte Geländeteil, der den Versorgungsdiensten zugewiesen wird und in dem bzw. aus dem heraus sie ihre Aufgaben erfüllen. (MilLex)

Dieser ist in jenem Gelände einzurichten, welches als ***Raum für die Versorgung*** bezeichnet wurde. Siehe auch Band 43C, Kapitel 13, „Truppeneinteilung und ihre Folgen“.

Außerhalb des BVersR befinden sich neben vorgeschobenen beweglichen Versorgungsteilen vor allem Sanitätseinrichtungen, die nahe an die kämpfende Truppe herangehalten werden.

Nachfolgend werden die Einzelheiten beschrieben.

Grundsätzlich ist festzustellen, dass das JgB mit seiner ***Erstausstattung*** den Einsatzraum bezieht. Versorgungsgüter, vor allem Mengenversorgungsgüter, welche darüber hinaus benötigt werden, sind im Rahmen der ***Folgeversorgung*** nachzuschieben. Meistens handelt es sich dabei um eine ***„Bringversorgung“***.

Nachschub:

- Der Nachschub von Versorgungsgütern wird in den meisten Fällen von der Nachschub-, Transport-, Instandsetzungskompanie (NTIKp) der Brigade erledigt. Die Versorgungsgüter werden den verschiedenen BVPs übergeben, welche für deren Weiterverteilung sorgen.
- Verpflegung hingegen ist im Korps-VP/Wi abzuholen oder im eigenen Gefechtsstreifen aufzubringen (Fleisch, Brot u.ä.).

Abschub:

- Im Sanitätsbereich geht es dabei um den rechtzeitigen und raschen Abschub von Verwundeten.
- Abgeschoben werden natürlich auch Personen, die aus der Kampfzone zu evakuieren sind, wie Ortsbewohner, Flüchtlinge und Kriegsgefangene.
- Darunter ist auch die Abgabe von Leergebinden (Kanister, Munitionskisten) und Gütern, die im Sinne des Umweltschutzes zu entsorgen sind, wie Altöl, verbrauchte Batterien u.ä. zu verstehen.

- Abgeschoben wird auch schadhaftes Material, welches im eigenen Bereich nicht instandgesetzt werden kann.

vst JgB 40 **Ort, Datum**

Einsatzplan mit Bataillonsversorgungsraum

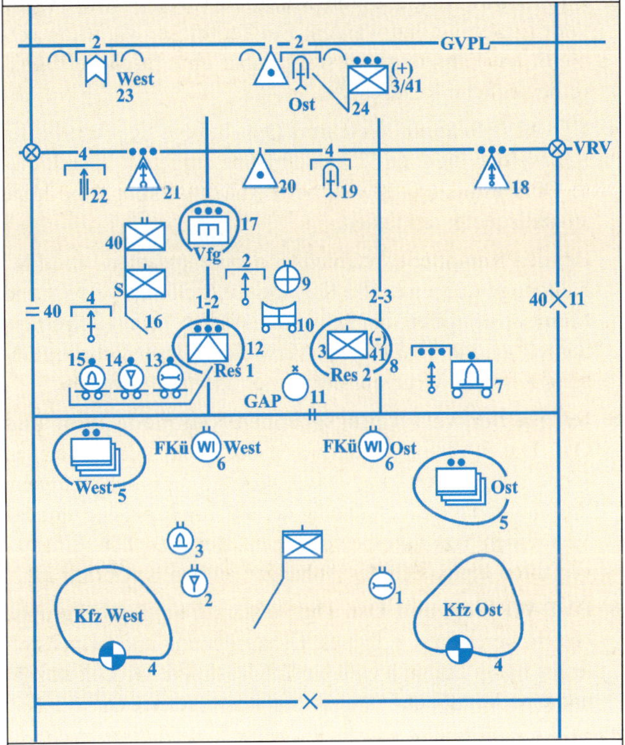

Unterschrift, DGrd

Abb. 3.46: Einsatzplan I.

1 **BVP/I.** Verantwortlich für Bergung und Instandsetzung im Umfang der zustehenden Materialerhaltungsstufe für Kfz, Waffen, Fernmeldegerät und Pioniergerät.

2 **BVP/BetrM.** Ausgabe von Betriebsmitteln durch Umtausch von leeren gegen volle Kanister.

3 **BVP/Mun.** Ausgabe von Munition für alle Waffen, die vom JgB eingesetzt werden. Ein Teil dieser Munition verbleibt am Fahrzeug und stellt daher eine rasch verfügbare bewegliche Reserve dar.

4 **Kfz-Abstellräume West und Ost.** Infolge der Anzahl der Kfz werden diese auf 2 Abstellräume aufgeteilt. Durch diese Dezentralisierung wird bei Feindeinwirkung eine hohe Ausfallsquote vermieden.

Bei den Kampfteilen verbleiben: Kommandanten- und FM-Fahrzeuge teilweise, alle Kfz, die für Stellungswechsel und Munitionstransport der schweren Waffen benötigt werden, SanKfz und andere für den Verwundetentransport vorgesehene Kfz, die Mehrzahl der Motorräder und Mopeds.

5 **Räume der Versorgungsgruppen/Kompanie West und Ost.** Die 6 Versorgungsgruppen der Kompanien erreichen schon Kompaniestärke, eine Auflockerung ist anzustreben. Wesentlich ist die Verkürzung der Versorgungswege und das Vermeiden von Querbewegungen. Bei manchen Einsatzverfahren bietet sich das Anhängen an den KpGefStd an.

6 **BVP/Wi West und Ost.** Die verstärkte Feldküchengruppe besteht bereits aus 6 Trupps. Die Aufteilung auf 2 Kochstellen ist nötig. Dadurch wird ein Totalausfall der Kochkapazität und eine Verkürzung der Versorgungswege erreicht.

7 **MunKfz.** Als bewegliches Versorgungspaket des sGrW-Zuges. Infolge der feindlichen Aufklärungsmöglichkeiten kann der sGrW-Zug zum Stellungswechsel gezwungen werden. Es wird daher nur die - für aktuelle Feueraufträge - vorgesehe-

ne Munitionsmenge in die Feuerstellung gebracht, der andere Teil verbleibt auf dem MunLKW.

Eine andere, aber schlechte Lösung ist das Auslagern der Munition in die verschiedenen Wechselstellungen; taktische Unbeweglichkeit wäre eine der Folgen.

8 **Reserve 2.** (Beachte Kapitel „Truppeneinteilung und ihre Folgen"). Diese unterstellte 3/41 ist selbstverständlich in das JgB 40 voll einzubinden. Sie hat ihren Versorgungsanteil mitgebracht. Die beiden Gefechtsvorposten (GVP), welche von dieser Kompanie zu stellen sind, müssen der 1. und 2. Jägerkompanie versorgungsmäßig angewiesen werden.

9 **Truppenverbandplatz** (TVPl). Die Sanitätsausrüstungssätze sind als Erstausstattung anzusehen. Die Anschlussversorgung mit MVR-Gütern (Medikamente-Verbandstoffe-Reagenzien) erfolgt direkt über einen Sanitätspark auf Anforderung des Bataillonsarztes. Der TVPl ist in allen anderen Angelegenheiten der Stabskompanie unterstellt; wenn das unzweckmäßig ist, hat eine versorgungsmäßige Anweisung auf eine andere Kompanie zu erfolgen.

10 **Sanitätstransportreserve.** Bestehend vor allem aus geländegängigen Kleinfahrzeugen, welche für den Verwundetentransport behelfsmäßig vorbereitet und als SanKfz gekennzeichnet wurden. Für den Schutz vor feindlicher Waffenwirkung und Beobachtung gelten dieselben Kriterien wie beim GAP.

11 **Geräteabschubpunkt** (GAP). Wird von der Brigade betrieben. Er muss dem feindlichen Flachfeuer entzogen sein und gegen Luftbeobachtung Schutz bieten. Er soll auch außerhalb jenes feindlichen Steilfeuers liegen, welches gegen die vorderen Kampfteile gerichtet ist.

Bei Ausfall eines Jagdpanzers wird dieser vom Panzerbergetrupp bis zum GAP geschleppt, dort auf einen Tieflader verladen und zur Instandsetzung gebracht.

12 **Jagdpanzerzug.** Hat seinen Versorgungsanteil mitgebracht. Er ist direkt dem Kdo/JgB 40 unterstellt und muss daher einer Kompanie, am zweckmäßigsten der sKp, versorgungsmäßig angewiesen werden.

13 **Panzerbergetrupp.** Im Verfügungsraum der Jagdpanzer, hat diesen im Einsatz zu folgen und Schadpanzer zumindest bis zum Geräteabschubpunkt (GAP) zu bringen. Ab dort sorgt die Brigade für weitere Maßnahmen.

14 **Betriebsmitteltrupp.** Wird nur dann vorne benötigt, wenn die Jagdpanzer aufzutanken sind. Sonst verbleibt er auf Abruf am BVP/BetrM.

15 **Munitionstrupp/JaPz.** Im Verfügungsraum derselben, verhält sich wie der MunTrp/sGrW-Zug.

16 **Bataillonsgefechtsstand (BGefStd).** Obwohl der Stab gemäß Organisationsplan der Stabskompanie angehört, wird er zweckmäßigerweise der sKp versorgungsmäßig angewiesen werden.

Begründung: Die Kommandogruppe der sKp befindet sich am BGefStd, und Züge dieser Kompanie liegen in diesem Raum (mGrWZg, PiZg, JaPzZg).

17 **Pionierzug.** Der vorgesehene Verfügungsraum sagt nichts über die versorgungsmäßige Zuordnung aus. Diese ist abhängig von den zu erledigenden Aufträgen im gesamten Gefechtsstreifen. Oftmaliger Ortswechsel zwingt zur Mitnahme von Kaltverpflegung. Eine Pioniergruppe ist bekanntlich der 2. Jägerkompanie unterstellt und damit versorgungsmäßig eindeutig zugeordnet.

18 **Beobachter/sGrWZg.** Der sGrWZg wird vom Bataillonskommando eingesetzt.
Die Versorgung des Beobachters durch die sKp wäre aber zu kompliziert, der Beobachter ist daher der 3/40 versorgungsmäßig anzuweisen.

19 Panzerabwehrlenkwaffenzug. Wurde der 2/40 unterstellt. Damit ist die Versorgung des Zuges eindeutig geklärt.

20 Artilleriebeobachter. Ist versorgungsmäßig der 2/40 anzuweisen. Eine Versorgung durch die eigene Batterie wäre kompliziert und aufwändig.

21 Beobachter/mGrWZg. Der mGrWZg untersteht der sKp, der Beobachter ist der 1/40 versorgungsmäßig anzuweisen. Unnötige Versorgungsfahrten der Versorgungsgruppe/sKp werden dadurch vermieden.

22 Maschinenkanonenzug. Wurde der 1/40 unterstellt. Damit ist die Versorgung des Zuges eindeutig geklärt.

23 Gefechtsvorposten West. Besteht aus den Teilen von 2 Kompanien. Die einfachste Lösung ist daher eine versorgungsmäßige Anweisung an die links vorne eingesetzte 1/40.

24 Gefechtsvorposten Ost. Besteht aus den Teilen von 3 Kompanien. Die einfachste Lösung ist die der versorgungsmäßigen Anweisung an die in der Mitte eingesetzte 2/40.

3.7 Versorgung im Kompaniegefechtsstreifen

3.7.1 Verantwortungsbereiche

Die Kompanie bezieht ihre Versorgungsgüter aus dem BVersR. Der Kommandant der Versorgungsgruppe (VersGrp), also der Dienstführende Unteroffizier (DfUO), vertritt im Versorgungsraum des Bataillons die Interessen seiner Kompanie.

Der Dienstführende Unteroffizier ist der Versorgungsführende der Einheit. Seine Aufgabe ist es daher, zu planen, zu organisieren und die Versorgungsdurchführung im Rahmen seiner Einheit zu überwachen. Er ist sozusagen der S4 seiner Kompanie.

Zur Versorgungsdurchführung setzt er die Unteroffiziere seiner VersGrp ein:

Kanzleiunteroffizier (KzlUO): Verantwortlich für den Schriftverkehr und das Bearbeiten personeller Angelegenheiten gemeinsam mit dem DfUO.

Wirtschaftsunteroffizier (WiUO): Ist der verlängerte Arm des BVP/Wi und daher für alle Wirtschaftsangelegenheiten zuständig.

Nachschubunteroffizier (NUO): Sorgt für Munitionsnachschub, Betriebsmittel, Ersatzteile, Batterien, Ersatz von schadhaftem Gerät usw.

Kraftfahrunteroffizier (KUO): Ist der Organisator des Kraftfahrbetriebes und der Fachvorgesetzte aller Kraftfahrer der Kompanie. Er entlastet vor allem die Zugskommandanten in allen Angelegenheiten, welche den Kraftfahrbetrieb betreffen. Er arbeitet mit dem NUO eng zusammen.

Sanitätsunteroffizier (SanUO): Ist als Kommandant des Sanitätstrupps für Maßnahmen der Ersten Hilfe und der Erhaltung der Gesundheit der Soldaten zuständig. Er arbeitet mit den Zugskommandanten zusammen. Sein Arbeitsgebiet liegt daher nicht im Bereich des Bataillonsversorgungsraumes, sondern vorne bei den Kampfteilen.

Mit Ausnahme des SanUO werden alle UO der VersGrp für den Nachschub von Verpflegung und Mengenversorgungsgütern herangezogen. Der DfUO führt und ist nur ausnahmsweise an der Versorgungsdurchführung beteiligt. Voraussetzung für diese ist, wie beim Bataillon, der ***Einsatzplan der Kompanie*** in Zusammenhang mit der Regelung der ***Versorgungsverantwortung*** (Unterstellungsverhältnis, aZa, versorgungsmäßige Anweisung).

3.7.2 Truppeneinteilung und Einsatzplan der Kompanie

Auf den Einsatz der 2/40 im Band 43C, Kapitel 13 „Truppeneinteilung und ihre Folgen“, wird verwiesen.

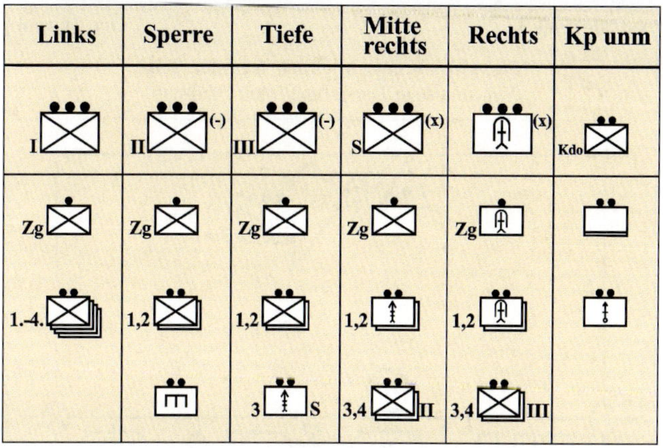

Abb. 3.47: Die Truppeneinteilung.

Aus der ***Truppeneinteilung*** sind die Einzelheiten der versorgungsmäßigen Verantwortung nur teilweise erkennbar. Fremde Teile scheinen nicht auf. Der ***Einsatzplan*** ist schon aussagekräftiger, aber noch immer unzureichend.

Was ist nun alles vom Kompaniekommandanten zu entscheiden und durch den DfUO zu beachten?

(Siehe nächste Seite, Abb. 3.48)

1 ***Verbotslinie Licht/IR***. Vorwärts derselben darf es im Freien kein Licht geben. Das gilt in diesem Fall auch für IR-Licht.

2 ***Granatwerferstellung*** liegt abseits von den vorne eingesetzten Zügen und ist gesondert zu versorgen.

3 ***Verbotslinie Kfz.*** Der Einheitskommandant entscheidet, welche Kfz vorwärts dieser Verbotslinie eingesetzt werden dürfen und welche Einschränkungen dabei zu beachten sind: die Kradmelder, die Verwundetentransporte, der Transport von

vst2/JgB 40 **Ort, Datum**

Einsatzplan einschließlich fremder Teile
(Schematische Darstellung ohne Maßstab)

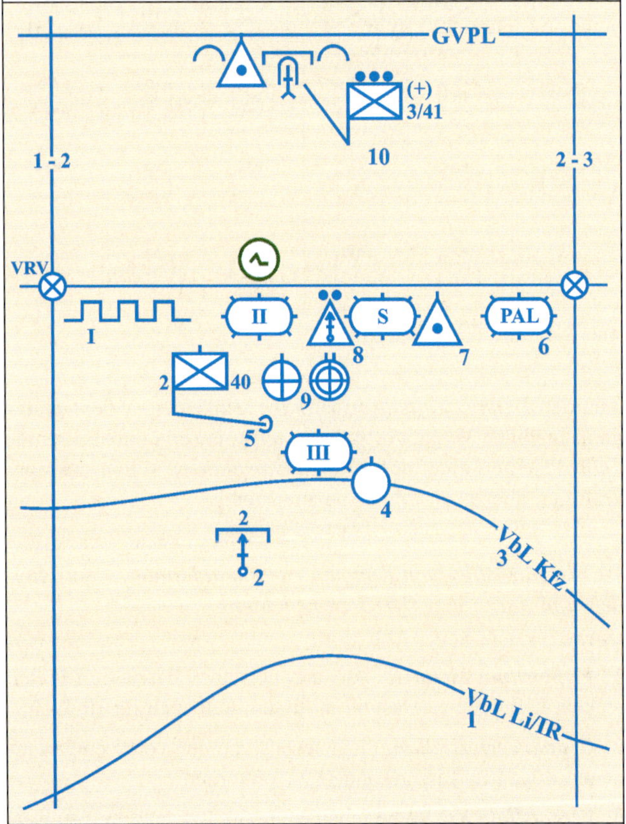

(Unterschrift, DGrd)

Abb. 3.48: Einsatzplan II.

schwerer Munition, die Waffenträger beim Stellungswechsel, der Transport von Versorgungsgütern vom Versorgungsverteilungspunkt nach vorne; das Einhalten bestimmter Wege, die Fahrzeugtarnung, die Tageszeit und noch viele weitere Punkte.

4 ***Versorgungsverteilungspunkt (VVP).*** Das ist der Umschlagplatz der Versorgungsgüter der Kompanie, die Übergabe des Materials von der VersGrp an die Züge und anderen Teile.

5 ***Kompaniegefechtsstand.*** Zu entscheiden ist, ob dieser mit einem Zug oder gesondert zu versorgen ist.

6 ***PAL-Zug*** ist bekanntlich der Kompanie unterstellt und daher in deren Versorgungsverantwortung. Sinngemäß ist mit den anderen unterstellten Teilen, den gemischten Zügen, zu verfahren.

7 ***Artilleriebeobachter*** wurde versorgungsmäßig der Kompanie angewiesen. Es ist Angelegenheit des Kompaniekommandanten, dessen Versorgung sicherzustellen, also versorgungsmäßige Anweisung an den in der Nähe eingesetzten sJg-Zug.

8 ***Beobachter der Granatwerfergruppe*** kann natürlich von seiner Granatwerfergruppe nicht versorgt werden, die Entfernung wäre zu groß. Der Kompaniekommandant entscheidet über die versorgungsmäßige Anweisung wie beim Artilleriebeobachter. Der sJg-Zug ist also auch für diesen Beobachter verantwortlich.

9 ***Verwundetennest*** liegt etwas abseits vom Kompaniegefechtsstand, wird aber der Einfachheit halber diesem versorgungsmäßig angewiesen.

10 ***Gefechtsvorposten Ost der 3/41,*** ein kompaniefremdes Kampfelement, welches der 2/40 versorgungsmäßig angewiesen wurde. Die Kompanie ist damit verantwortlich. Für den DfUO ergibt sich dadurch die zwingende Notwendigkeit für

Absprachen mit den Dienstführenden der 3/41, der Panzerhaubitzbatterie und der sKp (wegen der PAL-Gruppe).

Unabhängig von diesen Entscheidungen sind natürlich auch die kompanieeigenen Kraftfahrer im Bataillonsversorgungsraum zu versorgen. Der S4 wird entscheiden, welche Kompanie dafür zuständig sein wird.

3.8 Transportplan für Versorgungsfahrten

Grundsätze: Möglichst wenig fahren. Fahrten zusammenlegen. Die Nacht ausnützen.

Voraussetzung für eine geordnete Transportplanung ist wiederum die ***versorgungsmäßige Anweisung***. Die Transportplanung ist Aufgabe aller Führungsebenen,

- der ***Versorgungsstab*** im Rahmen der Brigade und des Bataillons und
- der ***Dienstführende Unteroffizier*** in der Einheit.

In der Regel werden die Transporte bis zum Versorgungsverteilungspunkt (VVP) durch die Versorgungsgruppe der Kompanie durchgeführt.

Es darf aber nicht ausgeschlossen werden, besonders wenn es gilt, rasch zu handeln, dass die ***Transportgruppen der Brigade oder des Bataillons*** bis zum VVP die Versorgungsfahrt erledigen; zeit- und kräfteraubende Umschlagarbeiten können damit vermieden werden. So eine Transportgruppe wird im vorderen Bereich eines Kompaniegefechtsstreifens kaum ortskundig sein und bedarf daher der genauen Einweisung.

Weder im Frieden noch im Einsatz ist es Aufgabe des DfUO, Versorgungsfahrten höchstpersönlich durchzuführen; dafür hat er die Unteroffiziere seiner Versorgungsgruppe einzusetzen. Natürlich ist nichts dagegen einzuwenden, wenn er, um sich ein Bild von der Lage zu machen, ausnahmsweise selbst tätig wird;

dies darf aber nicht zur Regel werden. Natürlich gilt das auch für die Versorgungstätigkeiten im Frieden.

Checkliste für Versorgungsfahrten

- ***Welcher UO*** der VersGrp ist für die Durchführung verantwortlich?
- Wie ist die ***Feindlage***?
- Ist mit ***Partisanen*** zu rechnen?
- Wo verläuft die „***Verbotslinie Licht***"?
- Wo verläuft die „***Verbotslinie Infrarotlicht***"?
- Wo verläuft die „***Verbotslinie Kfz***"?
- Sind ***Nachtsichtgeräte*** für Kraftfahrer und Transportkommandant verfügbar?
- Wie stark muss die ***Bedeckung*** sein?
- Welche ***Versorgungsstraße*** wurde zugewiesen?
- Gibt es auf dieser Straße ***verkehrstechnische Probleme*** (Baustellen, Einbahnen, besondere Steigungen, witterungsbedingte Schwierigkeiten usw.)?
- Wo besteht ***Feindeinsicht***?
- Wo befinden sich ***Sperren***? Passierbarkeit?
- Welche Sperren wurden ***aktiviert***?
- Sind ***Umfahrungen*** nötig oder zweckmäßig?
- Was muss aufgrund der ***Truppeneinteilung*** beachtet werden?
- Gibt es eine ***versorgungsmäßige Anweisung***, die eine Ergänzung der Truppeneinteilung darstellt?
- Welche ***Versorgungsgüter*** sind zu transportieren (Verpflegung, Munition, Betriebsmittel, Ersatzteile, Post, gereinigte Wäsche, Sperrmaterial usw.)?
- Welche und wie viele ***Gebinde*** werden für den Transport benötigt?

- Welche Maßnahmen sind vorgesehen, den Soldaten eine hygienische ***Reinigung*** ihrer ***Essgeschirre*** zu ermöglichen?
- Welche Hygienemaßnahmen sind für die ***Verpflegsausgabe*** bei den Zügen vorgesehen?
- Wird zum ***VVP*** oder zu den einzelnen ***Zügen*** transportiert?
- Wer ist zur ***Übernahme*** der Versorgungsgüter berechtigt?
- Wie viele ***Kfz*** werden benötigt?
- ***Wann*** ist beim BVP/Wi die ***Verpflegung*** zu fassen?
- ***Wann*** sind die ***anderen Versorgungsgüter*** beim BVP/Mun und BVP/BetrM zu empfangen?
- ***Wann*** ist der ***Leergebinderücktransport*** vorgesehen?
- Wie und wo erfolgt die ***Reinigung*** des zurückgegebenen Verpflegsgerätes?

3.9 Versorgungsverteilungspunkt (VVP)

Versorgungsverteilungspunkt ist ein von der Einheit festgelegter, in der Regel nicht ständig besetzter Punkt im Gelände, ab dem die Verteilung nachgeschobener Versorgungsgüter unter Verantwortung des Einheitskommandanten erfolgt. (MilLex)

3.9.1 Beladeplan des Versorgungsfahrzeuges

Der Beladeplan dieses Fahrzeuges hängt - es kann nicht anders sein - von den Einzelheiten des Einsatzplanes der Kompanie ab. Dabei geht es vor allem um die räumliche Lage der Züge und daher um die Reihenfolge des Abladens. In Erinnerung gebracht werden die Versorgung der Artillerie- und Granatwerferbeobachter, des Sanitätstrupps und, nicht zu vergessen, die an den Kompaniegefechtsstand abgestellten Melder der Züge.

Der Beladeplan ist ein Spiegelbild des Einsatzplanes. Zuerst wird das aufgeladen, was zuletzt abzuladen sein wird, und umgekehrt.

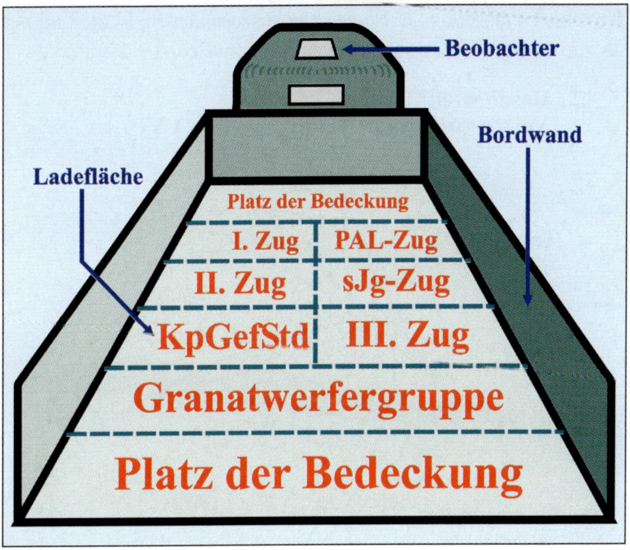

Abb. 3.49: Der Beladeplan.

Um bei Dunkelheit und schlechter Beleuchtung (abgeblendete Signaltaschenlampe) die Versorgungsgüter der Züge reibungslos abladen zu können, ist das Einhalten des obigen Beladeplanes Voraussetzung für den geordneten Ablauf der Versorgung.

Bei der hinteren Bordwand liegt jenes Material, das als erstes in der Granatwerferstellung abgeladen werden wird. ***Rechts*** die Versorgungsgüter jener Züge, die rechts eingesetzt sind und ***links*** das Material für die links eingesetzten Züge.

Zweckmäßig wird es auch sein, alle Gegenstände gut sichtbar, beispielsweise mit weißer Kreide zu ***beschriften***. Dasselbe gilt für die Innenseite der Kfz-Plane, um die ***„Zugsplätze“*** auf der Ladefläche zu markieren.

Um eine Gefährdung der Bedeckung auszuschließen, ist die Ladung so zu verstauen, dass die Soldaten nicht zu Schaden kommen.

3.9.2 Beschaffenheit des Versorgungsverteilungspunktes (VVP)

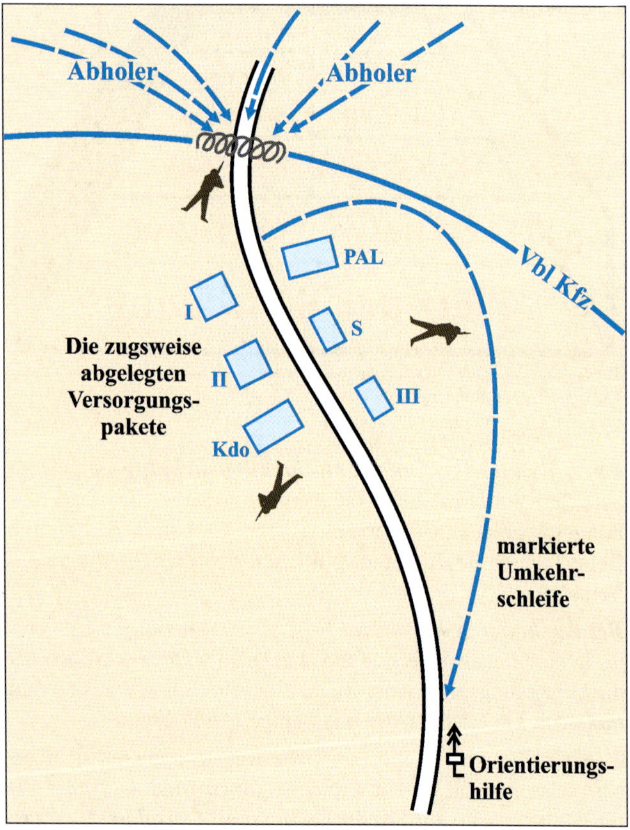

Abb. 3.50: Der Versorgungsverteilungspunkt (VVP).

- Der VVP muss ***auch für Nichtortskundige***, beispielsweise den Kommandanten einer Transportgruppe der Brigade oder des Bataillons, ***auffindbar*** sein.
- Da der VVP möglicherweise unbesetzt sein kann und die Truppe die Versorgungsgüter nicht sofort übernimmt oder abholen wird, ist auf ***Tarnung*** gegen Erd- und Luftbeobachtung Wert zu legen.
- In der Nähe des VVP wird die „***Verbotslinie Kfz***“ liegen. Diese muss durch eine Straßensperre klar erkennbar sein.
- Die ***Wendemöglichkeit*** für das Versorgungs-Kfz muss eindeutig und markiert sein (z. B. abgerolltes WC-Papier).
- ***Zweckmäßig*** für den VVP ***ist ein Gebäude***. Ist ein solches nicht vorhanden, sind für die abzuladenden Versorgungsgüter Abdeckplanen als Witterungsschutz und Tarnung vorzusehen.

3.9.3 Umschlagen der Versorgungsgüter am Versorgungsverteilungspunkt

- Die Umschlagarbeiten sind zu ***sichern und*** zu ***tarnen***. Die Bedeckung hat somit eine Doppelaufgabe: Abladen und sichern; eine ausreichende Stärke ist daher vorzusehen.
- Der ***Beladeplan*** des Versorgungsfahrzeuges muss so ***eindeutig*** sein, dass auf eine Beleuchtung in der Regel verzichtet werden kann.
- Der ***Motor*** des Versorgungsfahrzeuges muss während der Umschlagarbeiten ***abgestellt*** werden. Motorenlärm und Geruch der Auspuffgase könnten Feindkräfte aufmerksam machen.
- Die Umschlagarbeiten haben ***lautlos*** zu geschehen.
- Wenn der VVP zeitweise besetzt ist, wird es zweckmäßig sein, einen UO der Kommandogruppe als ***Kommandant*** einzuteilen. Besonders geeignet wird dafür der Kommandogruppenkommandant sein. Dieser ist mit allen Details ver-

traut und ein in der Kompanie angesehener Unteroffizier, der sich durchsetzen kann.

- Die ***Abholung der Versorgungsgüter*** durch die Züge wird am zweckmäßigsten von den stellvertretenden Zugskommandanten vorgenommen werden.

3.10 Munitionserstausstattung (MunEA)

Jene auf die Waffe bzw. auf das Organisationselement bezogene Munitionsmenge, die einen kleinen Verband oder selbstständige Einheit befähigt, bis zum Wirksamwerden einer Folgeversorgung Aufträge im Schwergewicht über mindestens 2 Kampftage durchzuführen. (MilLex)

Die MunEA ist für keine bestimmte Kampfart berechnet, sondern ein allgemein gültiger Erfahrungswert.

3.10.1 Teile der Munitionserstausstattung

Die MunEA besteht aus dem ***Kampfanteil*** und dem ***Kolonnenanteil.***

Kampfanteil ist jener Teil der Munitionserstausstattung, welcher im Einsatz im Rahmen der Einheit mitgeführt wird. (MilLex)

Kolonnenanteil ist jener Teil der Erstausstattung an Vers-Gütern, welcher im Einsatz nicht im Rahmen der Einheit, sondern bei den Versorgungsdiensten übergeordneter Ebenen mitgeführt wird. (MilLex)

Wo befindet sich nun die Munition?

Der ***Kampfanteil*** beispielsweise eines Sturmgewehres befindet sich einerseits in den Magazintaschen des Schützen, andererseits auf einem Fahrzeug des Zuges zur Verfügung des Zugskommandanten. Dieser ist daher in der Lage, einen Teil der beim Zug verfügbaren Munition ***nach seinen Vorstellungen*** zu verteilen.

Der ***Kampfanteil*** einer schweren Waffe befindet auf dem zur Waffe gehörenden Zugfahrzeug oder Munitionsfahrzeug. Bei Panzerfahrzeugen befindet sich der Kampfanteil in den Munitionshalterungen innerhalb des Fahrzeuges.

Den ***Kolonnenanteil*** gibt es nur bei schweren Waffen. Dieser Anteil befindet sich auf einem LKW einer Transportgruppe des Bataillons oder der Brigade (Ausnahmefall). Es verfügen darüber somit der ***Bataillons-*** oder der ***Brigadekommandant***. Mit diesem Anteil ist eine Schwergewichtsbildung möglich. Er wird in einem VP/Mun bereitgehalten und verbleibt meistens zur raschen Verfügbarkeit am Transportfahrzeug. Es ist aber auch möglich, den Kolonnenanteil als beweglichen vorgeschobenen Versorgungspunkt unweit der Waffenstellung bereitzuhalten.

3.10.2 Umverteilung der Munitionserstausstattung

Da die MunEA auf keine bestimmte Kampfart, aber auch auf kein bestimmtes Feindverhalten oder Gelände zugeschnitten ist, muss in bestimmten Fällen deren ***Umverteilung*** in Betracht gezogen werden.

Vor allem im Verantwortungsbereich des ***Bataillonskommandanten*** liegt es, durch Umverteilung dem Auftrag der einzelnen Einheiten gerecht zu werden. Natürlich ist es auch Angelegenheit des ***Kompaniekommandanten***, sich über die Umverteilung von Munition Gedanken zu machen. In Ausnahmefällen kann auch auf Brigadeebene eine derartige auftragsorientierte Abänderung befohlen werden. Es handelt sich daher um ein Reagieren auf taktische Gegebenheiten nach denselben Gesichtspunkten, nach denen eine Truppeneinteilung vorgenommen wird.

Beispiele:

- Eine PAR-Gruppe im Hochgebirge eingesetzt, wird vor allem Spreng- und Leuchtgranaten benötigen. Sie kann auf die panzerbrechende Munition verzichten.

- Eine zur Panzerabwehr eingesetzte PAR-Gruppe wird wiederum kaum Sprenggrananten, dafür aber die LHL- und Leuchtgranaten benötigen.
- Konzentrieren von Leuchtgranaten bei jenen Waffen, die vor allem für ein Ausleuchten vorgesehen sind.
- Braucht die StbKp die lPAR?
- Braucht die Versorgungsgruppe der Kompanie lPAR?
- Brauchen die StbKp und die sKp ihre Brandhandgranaten tatsächlich?
- Wo werden die Richtsplitterladungen benötigt werden? usw.

Verteilung nach dem taktischen Gesichtspunkt

Munitionsart	Bataillon	Kompanie
Leichtes Panzerabwehrrohr Schweres Panzerabwehrrohr	+ +	+ +
Signalpatrone gelb mit Fallschirm	+	+
Splitterhandgranate Brandhandgranate Nebelhandgranate	+ + +	+
Nebeltopf Alarmmine*	+ +	 +
Richtsplitterladung Panzermine usw.	+ +	

Abb. 3.51: Munitionsverteilung.

*Leuchtknallkörper.

3.11 Zuordnung von Versorgungsgütern

Die Zuordnung von Versorgungsgütern erstreckt sich meistens auf Gegenstände des militärischen Bedarfs, die nicht ausdrücklich einem bestimmten Organisationselement zugeordnet wurden.

Beispiele:

- Wie muss das Sperrmaterial verteilt werden? Welche Teile stehen unter Zeitdruck und müssen daher Schnellsperren mit Stachelbandrollen errichten? Welche Teile haben mehr Zeit und sind daher in der Lage, ihre Sperren mit Stachelbändern oder handelsüblichem (hü) Stacheldraht zu bauen?
- Welche Kompanie braucht zusätzliches Verpflegungsgerät?
- Welche Kompanie braucht infolge ihrer Lage im Gebirgsgelände keine Kochkisten, sondern nur Essenträger und Wasserkanister?
- Welche Kompanie braucht infolge ihrer Ortsunterkunft keine Gruppenzelte? usw.

Versorgungsgüter	**Bataillon**	**Kompanie**
Handelsüblicher Stacheldraht Stachelbandrollen/Sätze zu 3 Stück	+ +	
nicht zugeordnete Funkgeräte Feldkabel Batterien	+ + +	+ +
Verpflegungsgerät Gruppenzelte usw.	+ +	+

Abb. 3.52: Zuordnung von Versorgungsgütern.

3.12 Trainingsprogramm und Trainingshinweise

Wer das Versorgen nicht übt, braucht auch nicht dessen Funktionieren zu erwarten!

Das Versorgen der Truppe bei einer Übung umfasst alle Abläufe. Wesentlich ist daher das Festlegen von ***Bedingungen der Durchführung***. Damit soll verhindert werden, dass friedensmäßige Abläufe störend auf den Übungsbetrieb einwirken.

3.12.1 Beispiele für friedensmäßige Abläufe, die sich bei Übungen und damit für den Einsatz nachteilig auswirken können

- Bei Übungsbeginn Ausstattung mit allen ***Verbrauchssätzen*** bei Betriebsmitteln, wodurch die ***VP/BetrM*** der Brigade und der Bataillone arbeitslos wären und nicht unter Einsatzbedingungen üben könnten.
- Bei Übungsbeginn Ausgabe der gesamten ***Ausbildungsmunition***, wodurch eine feldmäßige Munitionsversorgung durch die ***VP/Mun*** entfallen und dieser Übungszweck verloren gehen würde.
- Nichtvorhandensein von einem ausreichenden ***Ersatzteilstock***, wodurch die ***VP/I,*** abgesehen von einfachen Reparaturen, unzureichend ausgelastet wären. Ihre Tätigkeit würde sich im Warten auf die angeforderten Ersatzteile beschränken, welche infolge friedensmäßiger Abläufe während der Übung kaum mehr eintreffen würden.
- ***Verpflegungsausgaben*** zentral für die gesamte Einheit oder deren Züge durchführen, wodurch weder die Versorgungsgruppe der Einheit noch die Züge eine einsatzgerechte Versorgungsausbildung erhalten könnten.

- Bei ***Sanitätszügen:*** Nichtvorhandensein von Moulagen, anderem Ausbildungsgerät und zu wenige Verwundetendarsteller bedeutet ein Warten auf ***Realfälle*** und damit eine ungenügende Auslastung der Sanitäter.

3.12.2 Allgemeines Training der Versorgungsteile (Einschränkungen davon für Sanitätszüge)

- Sicherung des Versorgungspunktes durch Posten und Streifen.
- Errichten von Straßensperren.
- Anbringen von Alarmminen.
- Einbau von Handgranaten, manuell ausgelöst.
- Einbau von Richtsplitterladungen.
- Alarmierung.
- Abwehren von Feindangriffen aus verschiedenen Richtungen.
- Feueralarm.
- Brandbekämpfung mit dem Brandschutzgerät und den Handfeuerlöschern der Kfz.
- Einweisen von Kraftfahrzeugen bei Tag und Nacht.
- Be- und Entladearbeiten ohne auffallende Geräuschentwicklung durchführen.
- Schichtbetrieb, wobei Instandsetzung und Feldküchen ihr Arbeitsschwergewicht bei Tag, VP/Mun und VP/BetrM ihr Arbeitsschwergewicht eher bei Nacht zu erwarten haben werden.
- Sparsamster Umgang mit Licht:
    - = Kfz haben innerhalb und im unmittelbaren Bereich der Versorgungspunkte nur mit Standlicht, Tarnbeleuchtung oder überhaupt ohne Beleuchtung zu fahren. (Sofern öffentliche Straßen benützt werden, ist zur Absicherung dieser Maßnahme eine Verordnung der zuständigen Behörde nötig und bedeutet ein Fahrverbot für andere Straßenbenützer.)

= Verwendung von Handscheinwerfern nur innerhalb von Gebäuden.
= Signaltaschenlampen nur mit vorgeschaltetem Filter oder abgeblendet verwenden.
= Fenster von Lagerräumen oder Werkstätten sind zu verdunkeln.

3.12.3 Training im Bereich Munition

- Keine Mitnahme der Munitionserstausstattung bei Übungen, da infolge des Umfanges zu viel Zeit für deren Be- und Entladen verbraucht würde.
- Unterscheiden aller Munitionssorten des eigenen Verbandes und jener Truppen, deren Unterstellung erwartet werden kann (z. B. Jagdpanzerkompanie, Artilleriebatterie). Dabei geht es um das Erkennen der verpackten und unverpackten Munition. Die Ausbildung daran erfolgt am zweckmäßigsten mit Unterstützung eines Munitionslagers.
- Unterscheiden der Gefahrenklassen und Zuordnen zu den richtigen Munitionsstapeln.
- Auszugebende Mengen auf den Bedarf der unmittelbar zu erwartenden Übungsphase reduzieren, um möglichst lange echtes Material zu nutzen und nicht mit Munitionsattrappen arbeiten zu müssen.
- Vorhandensein einer ausreichenden Menge an Munitionsattrappen, um auch nach Ausgabe der gesamten Ausbildungsmunition über genügend Übungsmaterial zu verfügen.

3.12.4 Training im Bereich Betriebsmittel

- Betankung an Kaserntankstellen unbedingt vermeiden.
- Bei Übungsbeginn hat so wenig Kraftstoff in den Tanks und Reservekanistern zu sein, dass ein feldmäßiges Auftanken zwingend nötig wird.

- Umweltschutz beachten, Ölauffangwannen!
- Befüllung der VP/BetrM aus Kesselwagen der Bundesbahn und aus Straßentankwagen.
- Leergebinde bei Tag auftanken und deren Ausgabe an die Truppe erst nach Einbruch der Dunkelheit, um den Fahrzeugverkehr besser tarnen zu können.

3.12.5 Training im Bereich Instandsetzung

- Bei Übungen müssen Schad-Kfz (diese können auch von anderen Verbänden entliehen werden) und ein für deren Instandsetzung ausreichender Ersatzteilstock vorhanden sein. Wird dies verabsäumt, besteht bei geringem Anfall von Realschäden bei den Instandsetzungsgruppen die Gefahr des Leerlaufes.
- Bergen von Fahrzeugen nach Aufbau einer Sicherung.
- Abschleppen von Fahrzeugen unter Bedeckung.
- Tarnen und sichern von Schad-Kfz auf deren Abstellplatz. Diese Tätigkeit ist durch den Kommandanten des Instandsetzungszuges zu befehlen und von den Kraftfahrern dieser Kfz durchzuführen.

3.12.6 Training im Bereich Verpflegung

Vor allem kommt es darauf an, die Verteilung der Verpflegung über den VVP zu üben. Das zwingt die

- Zugskommandanten zu ***genauen Stärkemeldungen***,
- Feldküche oder Truppenküche zu einer genauen ***zugsweisen Portionierung*** unter Beachtung des Zusammenhanges zwischen Verpflegungsstärke des Zuges und der Füllmenge der Transportgebinde sowie die
- Versorgungsgruppe der Kompanie zu einem Mehraufwand beim Transport und der Verteilung, aber auch zu genauer

Planung des Zeitpunktes der Rücknahme der Leergebinde von den Zügen und Rückgabe der gereinigten Leergebinde an den Feldküchentrupp. Die Leergebinde werden für die nächste Verpflegsausgabe rechtzeitig benötigt!

Durch die zugsweise Versorgung über VVP wird natürlich die Ausgabe von Nachschlagportionen fast unmöglich und damit auch das Kaschieren falscher Verpflegungsstärken unmöglich. ***Wer falsch meldet, ist selbst Schuld und trägt die Folgen.***

Die Versorgung über VVP ist im Einsatz die einzig richtige Möglichkeit und muss daher im Frieden, auch wenn es unbequem ist, geübt werden.

Ein Nichtüben im Frieden garantiert ein Nichtfunktionieren im Einsatz!

3.12.7 Sanität

Es wird davon ausgegangen, dass Ärzte und Sanitätsunteroffiziere fachlich am letzten Stand sind. Beide Gruppen arbeiten ***friedensmäßig unter optimalen Bedingungen*** in Krankenhäusern oder militärischen Sanitätseinrichtungen und sind gewohnt, aus dem Vollen zu schöpfen.

Der Einsatz zwingt zu Improvisation und einem Arbeiten unter ***primitiven Verhältnissen,*** somit unter erschwerten Bedingungen. Die Ausbildung muss darauf ausgerichtet werden.

Ärzte und Sanitätsunteroffiziere

- arbeiten mit den Sanitätsausrüstungssätzen;
- kennen des Umfanges der MVR-Sätze, um rechtzeitig verbrauchtes Material anzufordern.

Übrige Soldaten (zum Teil auch für San-Personal)

- Ausbildung in Selbst- und Kameradenhilfe;

- Erste-Hilfe-Leistung unter Gefechtsbedingungen in der Kampfdeckung oder im deckungsarmen Gelände;
- bergen von Verwundeten unter Gefechtsbedingungen aus den Kampfdeckungen;
- Transport von Verwundeten im Kampfgraben, aus Kellerfenstern, in Stiegenhäusern, über Zäune und Mauern mit behelfsmäßigen Mitteln;
- Transport mit Krankentragen unter den o.a. Bedingungen;
- Transport und umladen von Verwundeten unter Einsatz verschiedener Transportmittel, wie SanKW, PKW, Autobus, LKW, Pionierboot, Hubschrauber usw. Zu beachten ist dabei der schonende Umgang unter Vermeidung von Erschütterungen, um die Schmerzen des Verletzten nicht zu steigern;
- umladen des Verwundeten von einer Krankentrage auf eine andere, da beispielsweise manche Hubschrauber besondere Arten von Krankentragen erfordern.

Trotz schonender Vorgangsweise ist rasch zu arbeiten, um die ***6-Stundenfrist bis zur Endversorgung*** auf keinen Fall zu überschreiten.

Das Üben des Verwundetentransportes unter Ausnützung der ***Hindernisbahn*** ist Grundlage für Perfektion unter erschwerten Bedingungen.

4. Kulturgüterschutz

Ist geregelt durch die Haager Konvention zum Schutz von Kulturgut bei bewaffneten Konflikten vom 14. Mai 1954.

Kulturgüterschutz; ist das für die Truppe eine wirklich wichtige Angelegenheit? Nicht zu Unrecht kommen Zweifel auf. Menschen werden im Krieg verstümmelt oder gar getötet, und Kulturgut soll geschützt werden? Auch wenn dieser Vergleich keine Begründung für den Schutz von Kulturgütern bringt, soll alles getan werden, auch dann, wenn Menschen zu Tode kommen. In der o.a. Konvention wird zum Ausdruck gebracht:

Jede Schädigung von Kulturgut, gleichgültig welchem Volke es gehört, bedeutet eine Schädigung des kulturellen Erbes der ganzen Menschheit, weil jedes Volk seinen Beitrag zur Kultur der Welt leistet.

Die Bestimmungen haben Gültigkeit auf österreichischem Staatsgebiet, aber selbstverständlich auch bei Einsätzen im Ausland, unabhängig davon, wer für den Einsatz verantwortlich zeichnet.

Nachfolgend werden nur jene Bestimmungen behandelt, die für die Truppe wesentlich sind.

4.1 Einige Gräueltaten der Vergangenheit

4.1.1 Kloster Monte Cassino 1944

Sachverhalt:

Der Klosterberg Monte Cassino - eine beherrschende Höhe, die den in Italien gelandeten Alliierten den Weg nach Norden, Rich-

Abb. 4.1: Die Benediktinerabtei vor der Zerstörung.

tung Rom versperrte. Verbissener Widerstand der deutschen Verteidiger, vor allem der Fallschirmjäger, allerdings ohne das Kloster und dessen Gelände militärisch zu nutzen.

Alliierte Flugzeuge warfen über den deutschen Stellungen Flugblätter ab, in denen die Deutschen beschuldigt wurden, das Kloster Monte Cassino betreten zu haben, also militärische Nutzung der Benediktinerabtei. Das stimmte bekanntlich nicht. Es handelte sich um einen Irrtum der Alliierten, vermutlich verursacht durch mangelhafte Gefechts- und Luftaufklärung.

Der Kommandant der Deutschen Fallschirmjäger, Oberst Schulz, machte über Funk im Klartext den Feind auf den Irrtum aufmerksam, ohne Erfolg!

Auf Grund der kategorischen Forderung des alliierten Befehlshabers General Freyberg warfen 229 alliierte Kampfflugzeuge am 15. Februar 1944 ab 1000 Uhr 453 Tonnen Sprengbomben auf das räumlich kleine Klosterareal ab. Das Bombardement kostete keinem einzigen deutschen Fallschirmjäger das Leben, weil sich diese weder im Kloster noch im Klostergelände aufgehalten hatten. Eine sinnlose Aktion des alliierten Befehlshabers, dem offensichtlich auch das Verständnis für abendländische Kultur gefehlt hat.

Abb. 4.2: Die Benediktinerabtei nach der Zerstörung.

Abb. 4.3: Britische Infanterie geht am Fuße des Klosterberges vor.

Hätten die Deutschen nicht bereits geraume Zeit vorher dafür gesorgt, dass alle wichtigen Klosterschätze in 700 Kisten nach Rom transportiert und dem Vatikan übergeben worden wären, dann wären alle jene unbezahlbaren Schätze dieses Klosters, vor allem seine Handschriften, für immer zerstört worden.

Beurteilung:

Richtig:

- Rechtzeitiger Abtransport wertvollen Kulturgutes durch die Truppe;
- Keine militärische Nutzung des Klosters durch die Deutschen Fallschirmjäger;
- Versuch über Funk, die Zerstörung hintanzuhalten.

Falsch:

- Aktion der Alliierten mit Flugzetteln;
- Ignorieren der tatsächlichen Lage und Beharren auf einer falschen Lagebeurteilung;
- Überreaktion mit massivem Bomberangriff auf ein kleines Ziel.

4.1.2 Stadt Dresden im April 1945

Heute würde man diese Stadt, so wie sie sich damals vor ihrer Zerstörung darstellte, als Weltkulturerbe einstufen.

Abb. 4.4: Das zerstörte Dresden.

Sachverhalt:

Die Stadt Dresden war militärisch bedeutungslos. Als Eisenbahnknotenpunkt war sie nicht von kriegsentscheidender Bedeutung. Bekannt war sie durch die weltbekannten Barockbauten;

Im Februar 1945 befand sich eine nicht mehr feststellbare Anzahl von Flüchtlingen (angeblich Hunderttausende) aus den Deutschen Ostgebieten in der Stadt. Sie waren vor der Sowjetarmee nach Westen geflüchtet;

Abb. 4.5: Man spricht von 25 000 Toten und 30 000 Verwundeten und das in weniger als 40 Stunden. Die Anzahl der Opfer unter den Flüchtlingen war nicht annähernd zu ermitteln. Angesichts der drohenden Gefahr des Ausbruchs von Seuchen schritt man dazu, die Leichen an Ort und Stelle zu verbrennen.

Die Stadt wurde vor Bombardements der Alliierten als sicher angesehen. Da sie militärisch bedeutungslos war, gab es auch keine ausreichenden Fliegerabwehrmaßnahmen.

Die Luftangriffe:

- 13. Februar 1945 2130 Uhr: 800 Bomber der RAF (Royal Air Force) werfen 650 000 Brandbomben (vermutlich so genannte Stabbrandbomben), vermischt mit Sprengbomben, ab.
- 14. Februar 1945 Vormittag, nach dem RAF-Bombardement: 1 350 Bomber der USAAF (U.S. Army Air Force) greifen neuerlich an.

- 15. Februar 1945: Noch ein Angriff der USAAF, diesmal mit insgesamt 1 100 Kampfflugzeugen.

Folgen:

Die gesamte Innenstadt wurde zerstört. Die Bewohner hatten sich vor dem von den Bränden entfachten Feuersturm in die Parkanlagen gerettet und wurden dort von den Sprengbomben der Amerikaner getötet oder verwundet.

Prinzipielle Absicht von Bombenangriffen auf Kulturgüter bzw. von Flächenbombardementes:

Grundsätzlich wurden groß angelegte Bombardements, und damit auch die Zerstörung von Kulturgütern, von beiden Kriegsparteien durchgeführt. (z. B. Mannheim 1940, Köln 1942, Hamburg 1943 durch die Alliierten; Coventry, London 1940, Exeter, Norwich, Canterbury, York 1942 durch die Deutschen.) Es gäbe noch viele andere historische Beispiele, bis herauf in die jüngste Vergangenheit. Ziel war es dabei vor allem, die Zivilbevölkerung zu demoralisieren und sie durch diese terrorähnlichen Maßnahmen gegen die jeweilige Staatsführung aufzuwiegeln.

Eine der jüngsten Gräueltaten in diesem Bereich, allerdings in einem weitaus geringeren Ausmaß, war die Beschießung der Altstadt von Dubrovnik durch die jugoslawische Armee und Kriegsmarine.

4.2 Kulturgut

Ist ein bewegliches oder unbewegliches Gut, das für das kulturelle Erbe aller Völker von großer Bedeutung ist. Dabei spielt es keine Rolle, woher das Gut kommt und wer sein Eigentümer ist.

Kulturgüter können sein (Beispiele):

- Bau-, Kunst- oder geschichtliche Denkmäler religiöser oder weltlicher Art (Stift Melk);
- Archäologische Stätten (Carnuntum);

- Gebäudegruppen, die als Ganzes von historischem und/oder künstlerischem Interesse sind (z. B. die Wiener Ringstraße);
- Kunstwerke, Manuskripte, Bücher und andere Gegenstände von künstlerischem, historischem oder archäologischem Interesse (z. B das Grabmal in der Hofkirche in Innsbruck);
- Wissenschaftliche Sammlungen von Büchern (z. B. die Nationalbibliothek in Wien).

Weiters gelten als Kulturgut:

Museen, Bibliotheken, Archive und Bergungsorte sowie Denkmalorte. (Letztere weisen einen beträchtlichen Umfang an Kulturgut auf.)

Abb. 4.6: Die Reichskrone in der Schatzkammer der Hofburg in Wien.

4.2.1 Auszug aus der Konvention zum Schutz von Kulturgütern

Artikel 4/1: Respektierung des Kulturgutes.

... Kulturgut zu respektieren, indem sie (die Vertragspartner) es unterlassen, dieses Gut und seine unmittelbare Umgebung sowie die zu seinem Schutz bestimmten Einrichtungen für Zwecke zu benutzen, die es im Falle bewaffneter Konflikte der Vernichtung oder Beschädigung aussetzen könnten, und indem sie von allen gegen dieses Gut gerichteten feindseligen Handlungen Abstand nehmen.

Artikel 11/2: Aufhebung der Unverletzlichkeit.

... darf die Unverletzlichkeit von unter Sonderschutz stehendem Kulturgut nur in Ausnahmefällen unausweichlicher militärischer Notwendigkeit und nur solange diese Notwendigkeit fortbesteht, aufgehoben werden. Das Vorliegen einer solchen Notwendigkeit kann nur durch den Kommandeur einer militärischen Einheit festgestellt werden, die der Größe nach einer Division oder einer höheren Einheit entspricht.

4.2.2 Beurteilung des Wertes nach Rängen und Schutzabstände zu Objekten unter Normalschutz

Rang A: Bedeutendste Kulturgüter von internationaler Bedeutung (z. B. der Stephansdom).

1 000 m Abstand zwischen dem nächsten militärischen Ziel und dem Kulturgut unter Beachtung der Waffenstreuung.

Rang B: Sehr bedeutende Kunstdenkmäler von nationaler Bedeutung.

500 m Abstand.

Rang C: Bedeutende Kulturgüter von höchster regionaler Bedeutung.

200 m Abstand.

Rang D: Kulturgüter von höchster lokaler Bedeutung.
200 m Abstand.

4.3 Schutzbestimmungen

4.3.1 Sicherung des Kulturgutes

Bereits im Frieden sind die Staaten verpflichtet, auf ihrem Staatsgebiet Maßnahmen zu setzen, die der Sicherung von Kulturgut dienen.

Diese Maßnahmen sind von der zivilen Verwaltung oder vom Besitzer vorausschauend zu treffen.

Ihr Ziel besteht darin, das Kulturgut vor den absehbaren Folgen eines bewaffneten Angriffes zu schützen. In der Regel sind darunter Kennzeichnung, Bergung, Abtransport, aber auch bautechnische Sicherungsmaßnahmen zu verstehen.

Abb. 4.7: Um Kulturgut vor Bombenangriffen zu schützen, wurde es im Zweiten Weltkrieg u.a. in das Salzbergwerk von Altaussee ausgelagert.

Abb. 4.8: Schutz vor der Splitterwirkung von Bomben im Zweiten Weltkrieg: Das zugemauerte Erzherzog-Karl-Denkmal auf dem Heldenplatz in Wien.

4.3.2 Respektierung des Kulturgutes durch die Truppe

Dies bedeutet, dass Kulturgüter und ihre unmittelbare Umgebung sowie die zu ihrem Schutz bestimmten Einrichtungen nicht zu Zwecken verwendet werden dürfen, die sie im Falle bewaffneter Konflikte der Vernichtung oder Beschädigung aussetzen könnten. Das Verhalten der Truppe hat sich daher auszuzeichnen durch:

- Abstand halten zu dem geschützten Kulturgut im Sinne der Ränge A bis D;
- Verzicht auf dessen militärische Nutzung;
- Nichtbeschlagnahme auf fremdem Hoheitsgebiet;
- Schutz vor Zerstörung durch aktive Hilfe;
- keine feindseligen Handlungen gegen Kulturgut;
- Beachtung des Verbotes von Diebstahl, Plünderung, Zerstörung oder widerrechtlicher Inbesitznahme;

- Verbot von Repressalien.

Die Respektierung eines Kulturgutes durch Verzicht auf die militärische Nutzung, vor allem durch den Verteidiger, ist eine der wirksamsten Schutzmaßnahmen.

Wird ein Kulturgut vom Aggressor militärisch genutzt, darf es bekämpft werden.
Alle Verpflichtungen erlöschen, wenn die militärische Notwendigkeit, zwingend bei Normalschutz oder unausweichlich bei Sonderschutz, hiezu gegeben ist.

4.3.3 Arten des Schutzes

Sonderschutz:

Dem Sonderschutz können sowohl bewegliche als auch unbewegliche Güter unterliegen. Diese Güter werden der UNESCO (United Nations Educational, Scientific and Cultural Organisation) gemeldet und sind international registriert und damit einem möglichen Aggressor bekannt. Derartige Objekte dürfen militärisch nicht genutzt, aber auch durch Waffenwirkung nicht gefährdet werden.

Normalschutz:

Auch hier handelt es sich um herausragende Kulturgüter (Museen, Kirchen, Schlösser etc.). Sie werden der UNESCO nicht bekannt gegeben und sind daher einem möglichen Aggressor unbekannt. Es handelt sich dabei um Objekte der Ränge A bis D.

Maßnahmen der Truppe:

Es kann sich dabei um Altstadtteile oder besondere Bauwerke handeln. Es ist alles daranzusetzen, dass diese von militärischen Planungen ausgespart und Maßnahmen für deren Sicherung wahrgenommen werden.

4.4 Kennzeichnung

Auch nicht gekennzeichnete Kulturgüter sind zu schützen.

4.4.1 Kennzeichnung vor Ort

Kulturgut unter Normalschutz führt das Kennzeichen, blau/weißes Wappenschild, in einfacher Form (Abb. rechts). Das Zeichen ist als Tafel auf dem betreffenden Objekt auffällig angebracht. Vom Überwachungs- und Schutzpersonal wird es auf einer Armbinde getragen.

Sonderschutz

Abb. 4.9: Sonderschutzzeichen - verkleinertes Normalzeichen, dreifach (oben).

Abb. 4.10: Kennzeichnung der Minoritenkirche in Linz (rechts oben).

Abb. 4.11: Landkarte der Stadt Salzburg (rechts).

Ein Kulturgut unter Sonderschutz führt das Zeichen in verkleinerter dreifacher Form. (siehe S. 151).

Der Kern der Stadt Salzburg ist eine so genannte Schutzzone. Der Beginn derselben ist mit dem dreifachen Kennzeichen markiert.

Abb. 4.12: Die Beschriftung des Kennzeichens in Deutsch, Englisch, Französisch und Russisch.

4.4.2 Kennzeichnung auf der Landkarte

Eine umfangreiche Zeichenerklärung befindet sich als Randinformation auf der gegenüberliegend dargestellten Landkarte. (Abb. 4.13). Im Einzelnen bedeuten die aufgelisteten Zeichen in diesem Kartenbild:

- Kirche, kirchliches Eigentum, Rang A;
- Glocke, kirchliches Eigentum, Rang B;
- sichtbares und erkennbares archäologisches Kulturgut, kirchliches Eigentum, Rang D;
- Orgel, kirchliches Eigentum, Rang B;

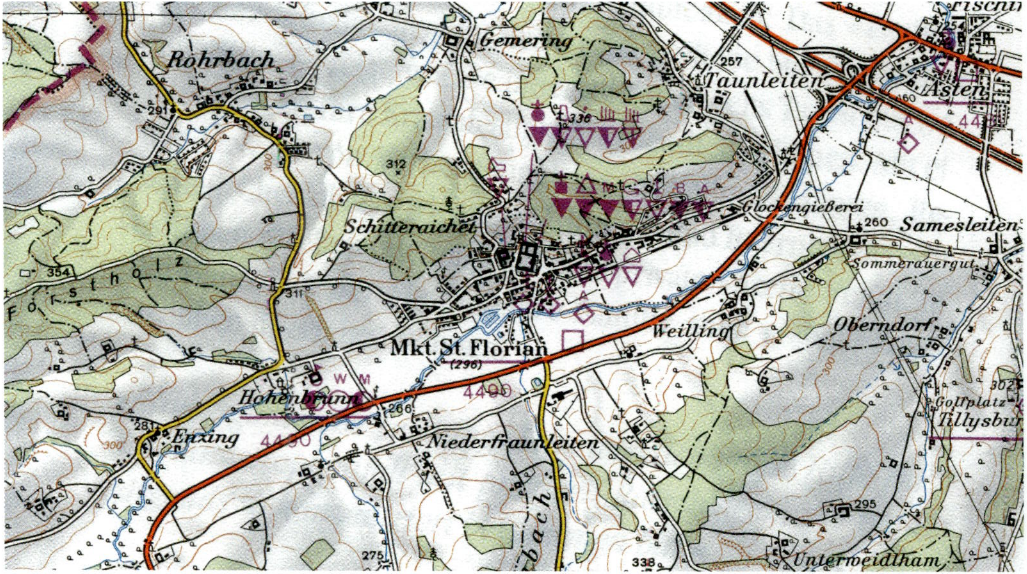

Abb 4.13: Ausschnitt aus der Kulturgüterschutzkarte des Bundesamtes für Eich- und Vermessungswesen. Maßstab 1:50 000, Stift der Augustiner Chorherren in Markt Sankt Florian und Schloss Hohenbrunn.

- Orgel, kirchliches Eigentum, Rang C;
- Gutshof, kirchliches Eigentum, Rang D usw.

Insgesamt handelt es sich um 49 Zeichen und Zusätze.

Abb. 4.14: Es handelt sich um das Schutzobjekt mit der laufenden Nummer 4490 (für das Zusatzblatt) und einer Wertigkeit des Ranges A.

4.4.3 Maßnahmen der militärischen Führung

Man kann aus der Landkarte die umfangreiche und wertvolle Information erkennen, gleichzeitig aber auch ableiten, dass man mit derart umfangreichen Angaben die Truppe verunsichern wird. Bataillons- und Kompaniekommandanten sollen von Beurteilungen auf diesem Gebiet entlastet werden. Vorgesetzte Kommanden haben daher der Truppe genau zu sagen, was sie tun darf oder was sie zu unterlassen hat.

Darstellung auf der Lagekarte:

Ableitungen daraus:

Rang A (Kirche Markt St. Florian gem. Ziff. 4.4.2) bedeutet, dass im Umkreis von 1 000 m keine militärischen Aktivitäten stattzufinden haben, Folge:

- Die Ortschaft ist nicht mehr militärisch nutzbar, auch die Durchzugsstraße steht der Truppe nicht mehr zur Verfügung.
- Die Umfahrungsstraße und alle damit in Zusammenhang stehenden Abzweigungen sind ebenso freizuhalten.
- Versorgungsfahrten sind nur mehr über weitläufige Umfahrungen möglich.
- Der Einsatz von Reserven wird ernsthaft behindert.

Abb. 4.15: Hier wurde ein Gemeindeamt gekennzeichnet. Schützenswerte Kulturgüter sind zumeist von außen nicht erkennbar.

- Der Zusammenhang der Truppe ist nicht mehr gegeben und damit die Auftragserfüllung in Frage gestellt.
- Die Entscheidung liegt nicht mehr im Verantwortungsbereich des Bataillons oder der Brigade.

4.4.4 Maßnahmen, die der Bataillons- oder Kompaniekommandant zu beurteilen und zu verantworten hat

Aufgabe des Bataillons- oder Kompaniekommandanten ist es, mit dem Bürgermeister oder Gemeindesekretär Verbindung aufzunehmen, um festzustellen, was in diesem Gemeindeamt als schützenswert angesehen werden kann oder muss.

Vermutlich handelt es sich um ein Objekt des Ranges D (Kulturgut höchster lokaler Bedeutung). Es beinhaltet natürlich wichtige Unterlagen der Gemeinde, wie Grundbuch und andere Dokumente. Eine Sicherstellung derselben im Keller des

Gemeindehauses und der damit verbundene Schutz wird mit größter Wahrscheinlichkeit möglich sein.

Die Truppe kann und wird, um ihren Auftrag auszuführen, nicht alle dörflichen Gemeindeämter im Umkreis von 200 m aussparen können!

Der Kommandant hat die getroffenen Maßnahmen und zweckmäßigerweise auch die Begründung im Kommandotagebuch einzutragen und dem vorgesetzten Kommando zu melden.

4.5 Militärische Verpflichtungen

Die vorher erwähnte Respektierung bedeutet, dass Kulturgüter und ihre unmittelbare Umgebung sowie die zu ihrem Schutz bestimmten Einrichtungen nicht zu Zwecken verwendet werden dürfen, die sie im Falle bewaffneter Konflikte der Vernichtung oder Beschädigung aussetzen könnten.

Daraus ist abzuleiten, dass die militärische Nutzung geschützter Kulturgüter zu unterlassen ist. Diese Verpflichtung ist als umfangreich anzusehen.

Es geht dabei nicht nur um Kampfhandlungen, die Schaden anrichten, sondern auch um das Vermeiden von Schäden überhaupt.

Militärische Nutzung:

Diese bezieht sich nicht allein auf die kämpfenden Teile, sondern auch auf deren Versorgungsteile und andere rückwärtige Truppen, selbst wenn diese an Kampfhandlungen nicht teilnehmen. Beispielsweise ist eine Feldküche eine durchaus friedliche Versorgungseinrichtung, sie dient aber der Erhaltung der Kampfkraft der Truppe.

Hingegen ist die Nutzung geschützter Objekte durch die Sanitätstruppe gestattet. Einzelheiten folgen später.

Bekämpfen:

Das ist der Beschuss denkmalgeschützter Objekte.

Zerstören oder beschädigen:

Beispiele:

- abbrechen eines Bildstockes, um ein ausreichendes Schussfeld zu schaffen;
- fällen eines geschützten Baumes, oftmals auch als „Naturdenkmal“ angesprochen, um damit Holz für den Ausbau von Stellungen zu erhalten.

Gefährden:

Es handelt sich dabei nicht um den direkten Beschuss, sondern um eine Gefährdung durch Kampfhandlungen, die das geschützte Kulturgut nicht unmittelbar berühren. Es kann sich dabei auch um unbeabsichtigte Treffer der Steilfeuerwaffen oder um Abpraller bzw. Geller der leichten und schweren Flachfeuerwaffen handeln.

Ausnahme:

Diese Verpflichtungen zur Einschränkung militärischer Aktivitäten im Bereich des geschützten Kulturgutes sind ungültig, wenn der Feind bereits die geschützten Objekte der militärischen Nutzung zugeführt hat.

Sichern:

Es kann notwendig werden, die Sicherung des Kulturgutes gegen Plünderung, Diebstahl sowie unbefugte militärische Nutzung durch militärische Wachen oder durch Organe der Exekutive vornehmen zu lassen.

4.6 Aufheben der Schutzbestimmungen

Vor allem Bataillons- und Kompaniekommandanten sind verantwortlich, wenn die Notwendigkeit besteht, Schutzbestimmungen aufzuheben. Es geht dabei um

- ***„Zwingende militärische Notwendigkeit“***, oder
- ***„Unausweichliche militärische Notwendigkeit“***.

4.6.1 Normalschutz und seine Aufhebung

„Zwingende militärische Notwendigkeit" besteht dann, wenn für die Erfüllung des Auftrages keine Alternative besteht oder der Zusammenhang des Bataillons nicht mehr gegeben ist und ein Verlust der Handlungsfreiheit droht.

Liegen dafür militärische Notwendigkeiten vor, ist es Angelegenheit des Bataillonskommandanten, mit dem vorgesetzten Kommando die Lage im Bereich des Kulturgüterschutzes einer gemeinsamen Beurteilung zu unterziehen. Grundlage dafür sind die bereits früher angeführten Schutzabstände der Ränge A bis D.

Sonstige Einschränkungen:

- Keine militärischen Aktivitäten in Ortskernen und in der Nähe von Kirchen und ähnlichen Objekten.
- Auch bei Vorliegen zwingender militärischer Notwendigkeit keine Nutzung von Kulturgütern, wenn dabei eine Gefährdung der Zivilbevölkerung gegeben und deren Evakuierung unmöglich ist.
- Werden Kulturgüter während der Kampfhandlungen erkannt, sind sie soweit es möglich ist nicht zu benützen bzw. nicht zu bekämpfen.
- Im Fall einer Bekämpfung oder Nutzung sind die Gründe dafür in das Kommandotagebuch einzutragen.
- Es empfiehlt sich auch, eine Nichtbekämpfung oder Nichtbenutzung in das Kommandotagebuch einzutragen, besonders dann, wenn der Feind das geschützte Kulturgut unter Feuer nimmt oder genommen hat (siehe Monte Cassino).

4.6.2 Sonderschutz und seine Aufhebung

Die Unverletzlichkeit von unter Sonderschutz stehendem Kulturgut darf nur in Ausnahmefällen unausweichlicher militärischer Notwendigkeit und nur, solange diese Notwendigkeit fortbesteht, aufgehoben werden.

Die Entscheidung im Falle einer Aufhebung des Sonderschutzes liegt im Verantwortungsbereich von Militär- oder Divisionskommandanten.

4.6.3 Meldepflicht im Einsatz

Kulturgüter, die von der Truppe überraschend vorgefunden werden, bzw. Gegenstände, die als Kulturgut zwar nicht gekennzeichnet, aber als solches beurteilt werden, sind zu melden.

4.6.4 Befehlsgebung

Die Verantwortung des Kommandanten findet ihren Ausdruck in der Aufnahme der „Maßnahmen Kulturgüterschutz" im jeweiligen Befehl. Klarzulegen wird sein:

- Auflistung der schutzwürdigen Objekte im Einsatzraum, auch solche, die nicht gekennzeichnet sind (mittels Netzmeldung).
- Eintragen in die Lagekarte.
- Welche dieser schutzwürdigen Kulturgüter sind tatsächlich zu schützen?
- Wie erfolgt deren Schutz, und wer ist dafür verantwortlich?
- Welche schutzwürdigen Kulturgüter werden nicht geschützt? Dabei wird es zum besseren Verständnis zweckmäßig sein, diese Maßnahme zu begründen.
- Maßnahmen des Abtransportes von schutzwürdigen Gütern.
- Welche Objekte werden zur Nutzung durch die Sanität freigegeben?
- Maßnahmen des Verbindungsoffiziers gegenüber der zuständigen Behörde (auch im Ausland).

4.7 Militärische Nutzung von geschütztem Kulturgut

Diese Nutzung ist nur dann statthaft, wenn sie aus anderen Gründen einen völkerrechtlichen Schutz haben, wie

- Benützung zur Versorgung von Kranken und Verwundeten,
- Benützung zu Zwecken, die der Hilfe der Zivilbevölkerung dienen, wie z. B. Flüchtlingslager, sowie
- Benützung als neutralisierter Ort für humanitäre Zwecke jeglicher Art.

Kennzeichnung:

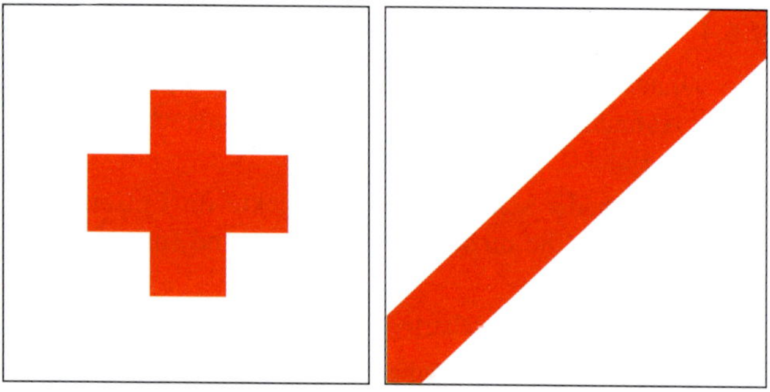

Abb. 4.16 und 4.17: Rotes Kreuz, Sanitäts- und Sicherheitszone.

Die Anbringung dieser Zeichen hat so zu erfolgen, dass sie sowohl vom Boden, als auch aus der Luft aus allen Annäherungsrichtungen bzw. Anflugrichtungen erkannt werden können. Im Gegensatz zu früher sind die Kampfflugzeuge schneller, und dem Piloten bleibt weniger Reaktionszeit zum Erkennen der Sanitätseinrichtung. Außerdem lösen moderne Kampfflugzeuge ihre Waffen auf mehrere Kilometer Entfernung aus, wodurch eine Beurteilung des möglichen Zieles zusätzlich erschwert wird.

Ungeachtet der zusätzlichen Kennzeichnung bleiben die blauen Zeichen des Kulturgüterschutzes bestehen.

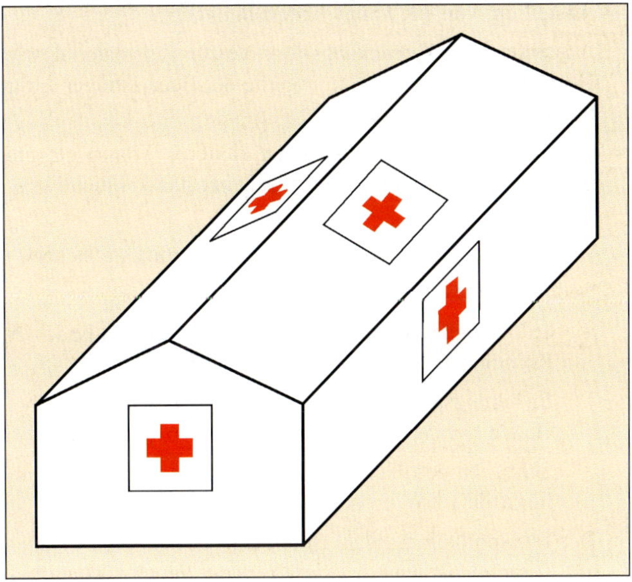

Abb. 4.18: Alle Dach- und Hausseiten sind zu kennzeichnen.

Militärische Aktivitäten, ausgenommen solche der Sanitätstruppe und jene, die der Hilfe der Zivilbevölkerung dienen, sind in diesen Bereichen untersagt und hätten eine Aufhebung des Schutzes zur Folge.

4.8 Unterstützung durch die Truppe

Auch wenn die Truppe geschützte Objekte nicht benützt, kann es vorkommen, Maßnahmen zu deren Schutz zu ergreifen. Vor allem dann, wenn Behörden oder Besitzer von geschütztem Kulturgut an die Truppe mit dem Ansuchen um Unterstützung herantreten, werden Maßnahmen des Heeres erwartet. Was kann getan werden?

- Abstellung von LKW mit Ladekommando.
- Abstellung von Verpackungs- und Verzurrungsmaterial, wie Decken oder Matratzen etc. soferne der Bedarfsträger dafür nicht aufkommen kann.
- Erkundung und Festlegung einer sicheren Transportroute (Schutz vor Waffenwirkung, Straßenzustand, Flüchtlingsströme).
- Der Transport hat unter militärischer Führung zu stehen.
- Bedeckung des Transportes:
  = Je 1 bewaffnetes Fahrzeug am Anfang und am Ende der Kolonne;
  = Sicherungsposten auf den Transportfahrzeugen, um bei Halten den Verlust durch Diebstahl zu unterbinden;
  = Schließen der Planen, um ein Aufspringen auf langsam fahrende LKW unmöglich zu machen.
- Der Transportkommandant ist mit dem zivilen Bedarfsträger auf Zusammenarbeit angewiesen. Seine Verantwortung beginnt und endet mit der Transportbewegung.
- Der Bedarfsträger ist für die sachgemäße Verpackung, Verladung und Entladung zuständig.
- Der Bedarfsträger hat vorausschauend am Zielort für die rasche Abwicklung der Schutzmaßnahmen zu sorgen.

Die Unterstützung hat zu entfallen, wenn der Auftrag der Truppe dadurch in Frage gestellt würde. Zu beachten ist dabei vor allem die Dauer der Abstellung und die Länge der Transportroute - Gefahr von Luftangriffen!

Die Evakuierung der Bevölkerung hat Vorrang vor der Evakuierung geschützter Kulturgüter.

5. Gefechtsstand

Es besteht nicht die Absicht, hier die Regeln des Stabsdienstes zu vermitteln oder gar eine Geschäftsordnung abzuleiten. Dies ist die Angelegenheit militärischer Ausbildungsstätten. Bezweckt wird mit diesem Kapitel die Darstellung bewährter Vorgänge und Inhalte, welche als Anregung anzusehen sind. Es werden Einzelheiten angeführt, welche in Vorschriften nicht aufscheinen.

Der Inhalt dieses Kapitels ist für den Gefechtsstand eines Jägerbataillons zu verstehen. Für einen Kompaniegefechtsstand sind die Aussagen nur mit Einschränkungen anwendbar, schließlich hat die Kompanie keinen Stab und dadurch einfachere Abläufe. Auch die Sicherung des Kompaniegefechtsstandes ist einfacher, da die Truppe in unmittelbarer Nähe des Gefechtsstandes eingesetzt ist.

> Gefechtsstand ist die an einem Ort festgelegte Führungseinrichtung, welche die Durchführung des Führungsverfahrens in allen Führungsgrundgebieten unter Einsatzbedingungen ermöglicht. (MilLex)

5.1 Arten von Gefechtsständen

Unabhängig von der Führungsebene werden grundsätzlich unterschieden:

- Gefechtsstand (GefStd);
- Hauptgefechtsstand (HGefStd), wenn ein Verband mehr als einen Gefechtsstand eingerichtet hat;
- bewegliche Befehlsstelle (bwglBefSt);
- Rückwärtiger Gefechtsstand (RGefStd);
- Ausweichgefechtsstand (AwGefStd);
- Scheingefechtsstand (SchGefStd).

Für das Jägerbataillon ist ein integrierter Gefechtsstand vorgesehen. Dadurch ist eine Vereinfachung der Entscheidungsvorgänge zwischen dem taktischen- und dem Versorgungsbereich gegeben.

> Integrierter Gefechtsstand bezeichnet die räumliche Zusammenfassung aller Führungsgrundgebiete und Fachdienste. Bei Verwendung eines Führungsinformationssystems kann ein integrierter Gefechtsstand dezentralisiert und aufgelockert angelegt sein. (MilLex)

Die Zusammensetzung des Gefechtsstandes kann so auf die jeweilige Einsatzart abgestimmt werden.

> Einsatzarten bezeichnen grundlegende taktische Verfahren, die als Kampf der verbundenen Waffen zur Durchführung gelangen.
>
> Einsatzarten der Landstreitkräfte sind:
>
> - der Angriff;
> - die Verteidigung;
> - die Verzögerung,
> - der Jagdkampf;
> - der Schutz.
>
> Sie können je nach Art der Durchführung näher bestimmt und beschrieben werden: Gegenangriff, zeitlich begrenzte Verteidigung etc. (MilLex)

Einsätze im Rahmen der UNO oder der NATO sind damit natürlich in Zusammenhang zu sehen. Das Feindverhalten oder das Verhalten der Zivilbevölkerung wird dabei wesentlich sein. Interessant ist dabei, ob mit der Wirkung schwerer Waffen zu rechnen ist. Die Wahl des Gefechtsstandes hat sich somit nach Ort und baulicher Qualität zu richten.

5.2 Gefechtsstandausrüstung

Die derzeitige Ausrüstung des Gefechtsstandes ist vor allem für einen stationären Einsatz vorgesehen. Ein Gefechtsstandwechsel wird dadurch nicht unbedingt erleichtert. Allerdings ist die Ausrüstung einfach gehalten und daher unempfindlich. Sie macht aber einen erhöhten Trainingsaufwand bei allen Dienstgraden des Stabes nötig.

5.2.1 Kommandantenausrüstung

Wenn der Kommandant unterwegs ist, muss er auch außerhalb seines Gefechtsstandes in der Lage sein, die Führungsaufgabe wahrzunehmen. Grundlage dafür ist ein „Gefechtskoffer". Dafür eignet sich ein großer Aktenkoffer, eine Aktentasche oder noch besser ein Pilotenkoffer. Wichtig sind die senkrecht stehenden Fächer, um Schriftstücke und Landkarten richtig und übersichtlich einordnen zu können. Der Behälter muss versperrbar sein. Zum Zweck des leichten Auffindens des Inhaltes, ist es von Vorteil, diesen mit farbigen Selbstklebebändern zu markieren.

Inhalt des Gefechtskoffers:

Notebook/Mappe mit ***Befehlen*** des vorgesetzten Kommandos, eigene Befehle und auch jene der nachgeordneten Teile.

Lagekarte 1:50 000 mit Einsatzplan, wasserdicht in einer Klarsichthülle DIN A3, gefaltet auf DIN A4, daher im Koffer leicht verstaubar.

Zur Übersicht kann noch eine *Landkarte* 1:250 000 (oder im Maßstab 1:200 000) zweckmäßig sein. Diese ist natürlich auch wasserdicht zu versorgen.

Pläne: Zielpunkt-, Sperrungs-, Panzerabwehr-, Fliegerabwehrplan usw.

Fernmeldeunterlagen des vorgesetzten Kommandos, des eigenen Verbandes und zweckmäßigerweise der unterstellten Teile, um jederzeit über Funk eingreifen zu können. Die ***Sprechtafeln*** befinden sich am Funkgerät. Es ist zweckmäßig, eine Auflistung der wichtigsten Decknamen, Geländezahlen und Frequenzen am Funkgerät anzubringen.

Bestandsverzeichnisse Personal und Versorgung.

Schießtafeln im Gefechtskoffer hält mancher Kommandant auch für zweckmäßig, und zwar für Artillerie und Granatwerfer. *Schablonen* mit sinngemäß denselben Angaben unter Beachtung der durchschnittlichen Streuungswerte sind in der Regel allerdings, da übersichtlicher, einfacher zu handhaben.

ABC-Abwehr-Tabellen, Marschtabellen, Vorschriften, Schreibunterlage mit Papierhalter. ***Papier, Transparentpapier, Folien, Klarsichthüllen, Mappen; Signaltaschenlampe, Feldstecher, Terminkalender.***

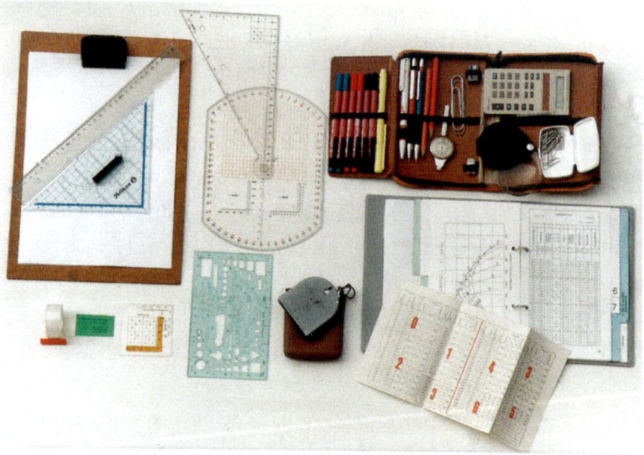

Abb. 5.1: Das taktische Besteck macht den Kommandanten vom momentanen Arbeitsplatz unabhängig. Wenn der stellvertretende Kommandant unterwegs ist, übernimmt er diese Unterlagen.

Taktisches Besteck. Inhalt gemäß Abbildung 5.1. Hinweis: Zur Arbeit auf der Landkarte ist nicht allein der Planzeiger wichtig, sondern auch ein Böschungsmaßstab für 20-m-Höhenlinien der Karte ÖMK 1:50 000, Kartenentfernungsmesser mit verschiedenfarbigen Skalen, um die einzelnen Maßstäbe nicht zu verwechseln, Schablone für taktische Zeichen. Als Bussole eignet sich nur jene mit entsprechend langer Anlegekante und mm-Einteilung. Ein Kartenwinkelmesser mit Verlängerungslineal erleichtert Entscheidungen beim Einsatz des Steilfeuers. Das Verlängerungslineal ist für das Schießen mit der PzH M-109 nötig. Taschenrechner, Lupe, „Geodreieck", Lineal, Tesaband, Markierstift. Locher und Heftmaschine, um erhaltene Papiere (z. B. bei Befehlsausgaben) gleich richtig einordnen zu können.

5.2.2 Ausrüstung eines Gefechtsstandes

Abb. 5.2: Robuste und versperrbare Behälter sind Voraussetzung, um den Anforderungen zu genügen. Eisenwinkel schützen die Kanten.

Inhalt der Mobilmachungskiste (MobKiste):

Schreib- und *Büromaterial*;

Transparentpapier in DIN A4 und DIN A3;

Millimeterpapier, *Formulare*;

mechanische Schreibmaschine, um bei Stromausfall weiterarbeiten zu können;

Kohlepapier und *Durchschlagpapier*, um bei Ausfall der Kopiergeräte weiterarbeiten zu können.

Abb. 5.3: Kiste des Kopiergerätes mit einem Fach für das Papier und den Toner. Die Masse des Gerätes erfordert solide Griffe, diese sind einschiebbar ausgeführt.

Abb. 5.4: Ordnerkiste für 10 Ordner DIN A4, Vorschriften usw.

Abb. 5.5: Um Transportschäden zu vermeiden, sind sämtliche Griffe umklappbar und versenkt ausgeführt.

Erforderliche *Tische* und *Stühle*: Zweckmäßig sind Kreuzbeintische oder zusammenklappbare Bierzelttische. Sie sind robust und leicht zusammenlegbar.

Abb. 5.6: Die zusammengeklappten Tische und Stühle haben ein geringes Transportvolumen.

Gewehrständer, um die Waffen griffbereit zu haben.

5.2.3 Lagekartentafel

Sie besteht aus Lagekartenunterlage und Dreibein. 3 derartige Tafeln müssen für S2, S3 und S4 vorhanden sein. Starke Klarsichtfolie dient zum Schutz der Landkarten. Tischtuchhalter, Reißnägel und Klebebänder dienen zum Fixieren der Lagekarte.

Das Dreibein des Lagekartenständers muss, um es einfach und rasch der Raumhöhe anpassen zu können, verstellbar sein. Und um einen sicheren Stand zu gewährleisten, ist es solide auszuführen. Die Lagekarte selbst soll ebenso verschiebbar sein, um in Augenhöhe arbeiten zu können. Die Arbeitsfläche besteht aus 2 Platten 100 x 150 x 2,5 cm. Es ist daher möglich, die Lagekarte mit großer oder kleiner Arbeitsfläche zu führen. Diese Arbeitsflächen bestehen aus Weichfaserplatten, die auf eine Duplexplatte aufgeleimt wurden.

Abb. 5.7: Die Tafeln der Lagekarten sind zweiteilig. Damit können sie leicht transportiert werden. Dem Bataillon wird meist eine einteilige Tafel genügen. Zweiteilig dann, wenn Pläne im großem Maßstab verwendet werden.

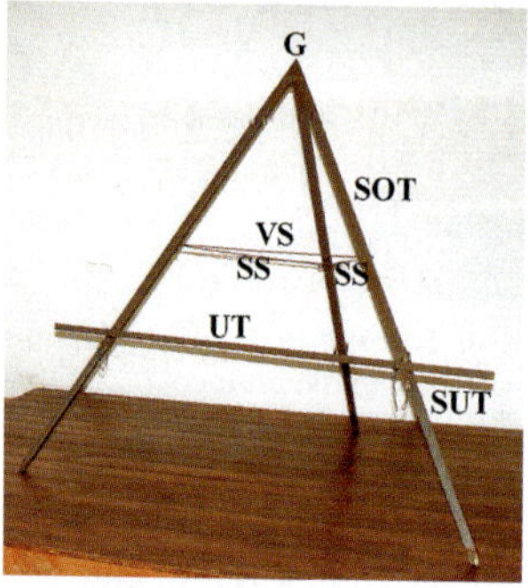

Abb. 5.8: Das stählerne Dreibein besteht aus Vierkantprofilen mit Verstrebungen und einem U-Träger, der die Lagekarte aufnimmt.

G Gelenk. Das Dreibein ist zusammenlegbar.

SOT Stützenoberteil: Vierkantprofil 3 x 4 x 150 cm mit mehreren Bohrungen (1 cm) zum Verschieben des U-Trägers und zur Verriegelung mit dem Stützenunterteil.

SUT Stützenunterteil: Das Vierkantprofil (2,5 x 3,5 x 100 cm) wird in das Stützenoberteil hineingeschoben. Die Höhenverstellung erfolgt mittels Bohrungen (alle 10 cm) und Dornen.

UT U-Träger: (3 x 3 x 200 cm), trägt die beiden oder nur eine der Arbeitsflächen. Ein zweiter U-Träger zum Fixieren der Oberkan-

te der beiden Arbeitsflächen ist zweckmäßig. Er kann gleichzeitig als Befestigung der Abdeckfolie der Lagekarte dienen.

VS Vorderstrebe: Der Rundstahl (10 mm) 90 cm lang, wird in das Stützenoberteil eingehängt.

SS Linke und rechte Seitenstrebe (10 mm): Sie sind 70 cm lang und verbinden die hintere mit den beiden vorderen Stützen.

VS und SS können auch durch Ketten ersetzt werden.

Alle Dorne sind durch Kettchen vor Verlust geschützt und werden mit Stiften gesichert.

Ein Transportbehälter (flache Kiste) dient zur ordnungsgemäßen Aufbewahrung der Kartensätze.

Ein weiterer Transportbehälter (Rolle mit verstellbarer Länge) steht für die schonende Aufbewahrung von bereits zusammengeklebten Karten und Plänen, Reservefolien, Folienstifte permanent und wasserlöslich, Spiritus und Lappen zum Löschen zur Verfügung.

Auch ein Kopiertisch mit Beleuchtung ist gefragt. Dieser Kopiertisch für Pläne mag vielleicht dann überflüssig sein,

Abb. 5.9: Transportbehälter sind Voraussetzung für einen schonenden Transport der Landkarten.

wenn ein Kopiergerät zur Verfügung steht, welches ohne Verzerrung reproduziert und so robust ist, dass es einen Transport (auch mit LKW) auf schlechten Straßen garantiert übersteht.

Abb. 5.10: Der Kopiertisch ist eine umgedrehte Deckenleuchte mit 4 Leuchtstoffröhren, ergänzt durch Anschlusskabel und Schalter.

5.2.4 Beleuchtungssatz

Der Beleuchtungssatz hat zu beinhalten:

Beleuchtungskörper: 1 für jeden Arbeitstisch und 2 für jede Lagekarte zum Festschrauben, mit jeweils 3 m trittfestem Gummikabel, zweckmäßig in der Signalfarbe orange.

Kabel/Steckdosen: 2 Kabelrollen mit 25 m und 5 Kabelrollen mit 10 m, versehen mit 3-fach-Steckdosen. Begründung für die 3-fach-Steckdosen am Beispiel des S3-Trupps: 1 Anschluss für die Leuchte des Arbeitstisches und 2 Anschlüsse für die beiden Leuchten der Lagekarte.

Mehrfachsteckdosen: 3 Stück für Räume mit einer unzureichenden Anzahl von Steckdosen.

Notstromaggregat sowie Kerzen und Zünder bei Ausfall der Stromversorgung.

Wegen der Lärmentwicklung werden in Betrieb befindliche Notstromaggregate gerne abseits des Gefechtsstandes aufgestellt. Beachtet muss dabei werden:

- Die Lärmentwicklung ist für Feindkräfte als Wegweiser anzusehen.
- Die Wärmeabstrahlung kann von der Luftaufklärung erkannt werden, eine Abdeckung, beispielsweise ein Flugdach, ist daher nötig.

Der Platz des Notstromaggregates ist daher immer einer kritischen Beurteilung zu unterziehen.

Stirnlampen/Alpin: für jeden Lagekartenführer. Geeignet zur Verwendung handelsüblicher Taschenlampenbatterien, vorgesehen bei Ausfall der elektrischen Beleuchtung.

Verdunkelungsmaterial: Es besteht aus schwarzer, lichtundurchlässiger Folie, für mindestens 5 Fenster in Normalgröße und für mindestens 2 Eingangstüren als Lichtschleuse.

5.2.5 Werkzeug und Pioniermaterial

Haushaltswerkzeug in einem Werkzeugkasten mit dem Zweck, kleinere Reparaturen vornehmen zu können, wie z. B. an Schaltern oder an der Ausrüstung bzw. zum Anbringen der Verdunkelung und zum Pölzen der Decke und Verschlagen von Fens tern, hat zu beinhalten: Hammer, Beißzange, isolierte Kombizange, isolierte Schraubenzieher, Stanleymesser, Nägel, Schrauben, Isolierband, Klebebänder, Rollmaßstab.

Vollständig ist der Werkzeugsatz dann, wenn ein ***Vierkantschlüssel*** (wie für Kamintüren) zum Öffnen von Türen der Kabelanschaltpunkte und einer für Zähler- und Sicherungskästen (Schlüsselnummer 61005) vorhanden ist.

Der ***Schanzzeugsatz*** für den Gefechtsstand besteht aus:

2 Waldhacken;	1 Satz Minensuchstäbe;
1 Klauenbeil;	1 Bügelsäge;
1 Drahtschere;	4 Paar Arbeitsfäustlinge;
6 Spaten;	5 kg Stahldraht/geglüht 1 mm;
6 Schaufeln;	1 Bund 2 mm Eisendraht;
6 Krampen;	1 Eisenschlägel 5 kg.

Außerdem sind ***Sandsäcke*** mitzuführen: zum Verstärken von dünnwandigen Mauern, die gegen den Beschuss durch leichte Infanteriewaffen unzureichenden Schutz bieten, oder zum Verschließen von Fenstern, vor allem Kellerfenstern.

Anhalt für die Mindestmenge an Sandsäcken/leer:

- Mauerverstärkung für einen knieenden Schützen...........30;
- Verschließen eines Kellerfensters....................................30;
- Postenstellung vor einer Haustüre..........................mind. 100.

Bei einem Gefechtsstand mit unzweckmäßiger Bauqualität kommt man auf einen Bedarf von mehr als 500 Sandsäcken, das bedeutet etwa 12 Tonnen Sand und mehrere Stunden Arbeitszeit für das Sandsackfüllkommando und den Transport. Daraus ist ein Verzögern der Abwehrbereitschaft abzuleiten. Wichtig ist es daher für das Erkundungskommando, einen soliden Gefechtsstand in einem Keller zu finden.

Weiters besteht das Pioniergerät aus: ***Stachelbandrollen-Sätzen*** (zu 3 Stück SB-Rollen, groß, mittel, klein), je Zufahrtsweg wird für die Schnellsperre mindestens 1 Satz benötigt.

Stacheldraht/handelsüblich zum Ausbau von Sperren gegen Infanterie. Vor allem soll es sich dabei wegen des geringeren Aufwandes und der Tarnung um Niederdrahtsperren handeln, wie z. B. Stolperdrahtsperren.

Bauklammern und *„150er“ Nägel* zur Pölzung der Kellerdecke,

Holz für das Errichten der Drahtsperren und zum Pölzen. (Rundhölzer (Durchmesser: 10 cm) lang und kurz für Pfähle und Pflöcke. Pfosten, Steher und Keile zum Abstützen der Zimmer- oder Kellerdecken.)

Transportrodel (Stufensteiger), um die schweren Kisten der Gefechtsstandausrüstung auf Gängen und Stiegen rasch und kräftesparend bewegen zu können.

5.2.6 Munition

Neben der ***Munitionserstausstattung*** der Waffen des Stabszuges sind zur Sicherung des GefStd nötig:

Alarmminen (Leuchtknallkörper), um eine Feindannäherung rechtzeitig zu erkennen.

Handgranaten mit manueller Drahtauslösung zur wirksamen Sperrung infanteristischer Annäherungsmöglichkeiten.

Richtsplitterladungen mit Zündmaschine zur Verbesserung der Sturmabwehr, der Wirkung in schusstote Räume und zum Sperren unübersichtlicher Stellen.

Panzerminen zur Sperrung der Annäherung auf den Zufahrtsstraßen mit Panzerminenriegeln.

Leichte Panzerabwehrrohre.

5.2.7 Sonstiges Gerät

Feldbetten, Verpflegungsgerät, Geschirr, Wasserkanister usw.

5.3 Erkundung des Gefechtsstandes

Wesentlich für das Erhalten der Arbeitsfähigkeit eines Gefechtsstandes ist dessen Tarnung. In unserer dicht besiedelten Landschaft werden sich GefStd in der Regel auf feste Unterkünfte abstützen können. Nachdem der Kommandant den Raum für den Gefechtsstand umrissen hat, wird erkundet.

5.3.1 Äußere Struktur des Gefechtsstandes

5.3.1.1 Taktische Forderungen

Das ***Einwirken auf das Schwergewicht*** des Verbandes, die Reserven und Unterstützungswaffen muss möglich sein.

Der ***Gefechtsstand*** muss ***außerhalb der Hauptstoßrichtung*** des Feindes liegen.

Die ***Sicherung und Verteidigung*** sind im Sinne eines „Stützpunktes in der Tiefe" zu beurteilen.

Luftlandegefährdete Räume sind zu meiden.

Den ***Fernmeldeverbindungen*** zwischen den beiden Gefechtsständen ist besondere Aufmerksamkeit zu schenken.

Kabelanschaltpunkte der Telekom sowie Aufbauplätze der RV-Stellen und somit die Zuführungen für IFMIN müssen einer vorausschauenden Beurteilung unterzogen werden und sollen in der Nähe der Gefechtsstände liegen. Mehr als 5 km soll der Abstand zwischen Gefechtsstand und AwGefStd betragen.

5.3.1.2 Strukturelle Forderungen

Ortschaften bieten einem Gefechtsstand eine gute Infrastruktur. Geeignet sind sie allerdings nur dann, wenn die Loyalität der Ortsbewohner erwartet werden kann.

Gehöftgruppen, also mehrere Häuser, sind wegen der leichteren Geheimhaltung durchaus zweckmäßig; nötigenfalls sind die Bewohner zu evakuieren.

Zufahrtswege bzw. deren Abzweigungen sollen unauffällig und leicht sperrbar sein.

Getarnte Abstellmöglichkeit für alle Kraftfahrzeuge und getarnte Parkmöglichkeit für Besucherfahrzeuge müssen gegeben sein.

Der ***Hubschrauberlandeplatz*** soll nicht weiter als 500 m vom Gefechtsstand entfernt sein.

Abb 5.11: Das abseits gelegene Gehöft am Hinterhang ist gut geeignet. Die Umgebung ist leicht überwachbar. Das Gehöft ist groß genug und hat ausreichende Kellerräume. Dabei wird es sicher nötig sein, diese erst durch Ausräumen nutzbar zu machen.

Fahrzeuge sind im Schuppen und im nahen Wald abzustellen und zu sichern.

Für das Kommandantenfahrzeug und die Kräder gibt es innerhalb des Gehöftes gedeckte Abstellplätze (Wärmeabstrahlung).

Besucherkraftfahrzeuge müssen ebenso gedeckte Abstellplätze beziehen (im Gehöft oder im Wald).

Der ***Ausweichgefechtsstand*** soll über Nebenstraßen unauffällig erreichbar sein.

Liegt ein Gefechtsstand im Verantwortungsbereich einer Kompanie, vereinfachen sich die zu setzenden Maßnahmen. Die Sicherung und Versorgung des Gefechtsstandes werden zweckmäßigerweise von dieser Einheit durchgeführt.

Versorgungsverteilungspunkt (VVP) ist festzulegen.

Umfahrungen: Die Zerstörung der Zufahrtswege behindert Kradmelder, Kuriere, den Kommandanten und den Gefechtsstandwechsel. Im Ortsbereich ist es der Schutt zerstörter Häuser, außerhalb davon können Walddurchfahrten nach Feindeinwirkung unpassierbar werden, sie gleichen dann einer Baumsperre. Umfahrungen zu erkunden ist daher eine zwingende Voraussetzung.

5.3.2 Innere Struktur des Gefechtsstandes

5.3.2.1 Überlebensfähigkeit des Gefechtsstandes

Die Überlebensfähigkeit und damit die Arbeitsfähigkeit hat Vorrang gegenüber allen anderen Überlegungen. Der Schutz vor feindlicher Waffenwirkung und somit die Tarnung und bauliche Qualität des Objektes sind wichtig. Obzwar Gasthaussäle sich für die Stabsarbeit sehr eignen, bieten sie keinen Schutz vor feindlichem Flach- oder Steilfeuer. Dies führt bei Feindbeschuss mit hoher Wahrscheinlichkeit zu einer nicht erwünschten Unterbrechung der Stabsarbeit oder gar zum Totalausfall. Natürlich sind auch Aktivitäten von Terroristen und Kleinkriegskräften zu beachten.

Abb. 5.12: Der vorbereitete Mauerdurchbruch in einem Altbau wurde markiert.

Keller hingegen bieten in der Regel den gewünschten Schutz, allerdings bringt die räumliche Beengtheit Nachteile für die Stabsarbeit. In der Regel müssen sie sogar vorher ausgeräumt werden. Zivilschutzräume öffentlicher Gebäude, vor allem der Schulen, sind besonders geeignet. Der Vorteil dieser Räumlichkeiten liegt auch darin, dass immer ein Notausgang vorhanden ist und auch auf die Pölzung der Kellerdecke verzichtet werden kann. Nicht zu vergessen ist die Beheizung von Kellern auch im Sommer. Der Kommandant hat daher zu entscheiden: Bequemer Gasthaussaal oder unbequemer, sicherer Keller.

Gefechtsstände im städtischen Bereich haben den Vorteil, dass in Häusern, welche bereits im Zweiten Weltkrieg existierten, vorbereitete, also nicht aktivierte Mauerdurchbrüche im Kellerbereich bestehen. Bei Aktivierung derselben kann der Gefechtsstand über mehrere Häuser ausgedehnt werden. Er wird dann natürlich auch mehrere Ein- und Ausgänge haben.

5.3.2.2 Raumbedarf

Sicherung und Verteidigung erfordern einerseits Stellungen für die Wache, andererseits Möglichkeiten der Nahverteidigung mit Sturmgewehr und Maschinengewehr. Zu beachten ist daher die bauliche Qualität des Objektes. Bei unzureichendem Schutz sind Mauerverstärkungen durch Sandsäcke und das Abstützen der Decken nötig. Raum wird benötigt für:

Meldesammelstelle (MSaSt) und Leiter des Fernmeldebetriebes (LFM): Da hier alle einlaufenden Nachrichten zu registrieren sind, ist ein Platz im Eingangsbereich nötig. Eine Umgehungsmöglichkeit darf es nicht geben; die enge Zusammenarbeit mit der Wache ist wesentlich.

Oft werden beengte Raumverhältnisse vorgefunden.

Der Raum soll genügend Platz für den S2 und S3 bieten. Die Lagekarten sollen wegen der besseren Übersicht nebeneinander stehen. Bei der Platzwahl ist darauf zu achten, dass bei offener Tür der Inhalt der Lagekarten nicht erkennbar sein darf. Platz für Arbeitstische ist neben den Mobkisten (Schreibtische) nötig, um an Plänen arbeiten zu können. Ebenso besteht Raumbedarf für die Fernbedienungen der Funkgeräte.

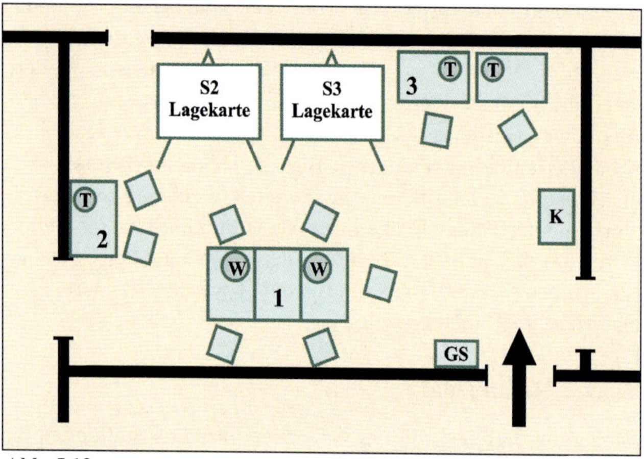

Abb. 5.13:

1 Arbeitstisch allgemein für AVO, ABCO und andere.
2 S2-Arbeitsplatz mit Telefon.
3 S3-Arbeitsplatz mit Telefon, eventuell Einzelanschluss.
W (wireless) Fernbedienungen des Gefechtsstandes zu den abgesetzten Funkgeräten.
K Kopiergerät.
GS Gewehrständer.
T Telefon.

Besprechungsraum: Es ist darauf zu achten, dass für Unbefugte wie Melder und Fernmeldepersonal ein Mithören ausgeschlossen sein muss.

Vermittlung: Soll in den Gefechtsstand integriert werden. Das Verlegen der Kabel zwischen Abspannbock, Vermittlung und den Fernsprechendstellen vereinfacht sich dadurch.

Unterkunft für den ***Stab*** muss sich in unmittelbarer Nähe des Lageraumes befinden, also in demselben Objekt. Schichtbetrieb und Alarmierung werden dadurch vereinfacht.

Abb. 5.14: Kommandantenraum als Beispiel eines gemeinsamen Arbeitsplatzes für den Kommandanten und seinen Stellvertreter.

Unterkunft für ***FM-Personal und Kraftfahrer***. Das direkt im Gefechtsstand eingesetzte FM-Personal muss, um einen reibungslosen Schichtbetrieb sicherzustellen, innerhalb des Gefechtsstand-Objektes Quartier finden. Zumindest der Kraftfahrer des Kdt und ein Kradmelder haben auch hier ihre Schlafstelle.

Unterkünfte des weiteren Personals, wie Kraftfahrer und FM-Soldaten, sollen nahe beim Gefechtsstand gelegen sein, da ansonsten der Schichtbetrieb und die Alarmierung zu kompliziert werden.

Die ***Garage*** für das Funkfahrzeug des Kdt und zumindest für ein Krad muss im Objekt des Gefechtsstandes verfügbar sein.

5.3.3 Erkundungskommando (EKdo)

Vorbereitung der Erkundung:

Ausreichende Vorbereitungszeit ist die Voraussetzung für eine solide Erkundung.

- Der Kommandant legt den Raum des Gefechtsstandes im Groben fest.
- Kartenstudium.
- Eine Voraussetzung für ein rasches Herstellen der Arbeitsbereitschaft des Gefechtsstandes sind Fernmeldeunterlagen der nächst höheren Führungsebene:

Vor allem geht es dabei um Kabelabhol- und Kabelanschlusspunkte, Aufstellungsplätze von Richtverbindungsendstellen sowie um Anschlussmöglichkeiten in ein bereits bestehendes Fe-Festnetz. Der S6 oder der FMO können dann vor Ort die Grundlagen für den erfolgreichen Einsatz der FM-Mittel ableiten.

Mögliche Zusammensetzung des Erkundungskommandos:

Erkundungskommando	
Kommandant:	Ein Offizier des Stabes, zweckmäßigerweise der S3
1 Unteroffizier des Stabes	
S6 oder:	Ein erfahrener Offizier oder Unteroffizier aus dem FM-Zug
1 Kradmelder	
1 gl Kfz mit Funkausstattung	

Abb. 5.15.

Sollte das Erkundungskommando den Auftrag haben, das Beziehen des Gefechtsstandes unverzüglich vorzubereiten, sind Einweiser in ausreichender Zahl mitzunehmen.

Arbeitsweise des Erkundungskommandos:

Das EKdo verhält sich ***unauffällig*** und arbeitet ***getarnt***. Die Qualität der Erkundung hängt natürlich von der zur Verfügung stehenden Zeit ab. Wenn ohne Zeitdruck erkundet werden kann, haben der Kdt oder sein Stellvertreter Gelegenheit, das Erkundungsergebnis an Ort und Stelle zu überprüfen; wenn dies nicht möglich ist, arbeitet das EKdo in Eigenverantwortung alle Einzelheiten aus, um die Arbeitsbereitschaft des Gefechtsstandes rasch herstellen zu können:

Ausschildern der Räumlichkeiten innerhalb des Objektes verhindert Irrtümer und erspart Verlegungen.

Für ***Einweiser vor dem Gefechtsstand***, zur Unterstützung der Kraftfahrer beim Zufahren, beim raschen Entladen und beim Wegfahren in den Kfz-Abstellraum ist zu sorgen.

Erste Sicherungsmaßnahmen sind nach außen und innen zu organisieren, wie ein Zutrittsverbot für Zivil und Militär, welches nichts mit dem Einrichten und Betreiben des Gefechtsstandes zu tun hat.

Einweiser sind einzuteilen ***an den Abzweigungen*** der Zufahrtsstraße, welche leicht übersehen werden können.

5.4 Beziehen des Gefechtsstandes

Das Erkundungskommando hat mit militärischer Genauigkeit gearbeitet und das Ergebnis gemeldet. Der Kommandant hat sich für einen bestimmten Gefechtsstand entschieden. Jetzt beginnt die konkrete Planungsarbeit des S6 bzw. FMO, welche mit dem vorgestaffelten Einsatz von FM-Teilen endet. Mit dem Beziehen des Gefechtsstandes kann nach Schaffung einer FM-Mindeststruktur begonnen werden. Wichtig wird dabei sein, nicht geschlossen mit dem gesamten Stab einzutreffen, sondern den GefStd im Einzelmarsch zu erreichen und das jeweilige Fahrzeug rasch zu entladen und in Deckung zu fahren.

5.4.1 Bedingungen für das Beziehen

Ein Beladeplan, der sicherstellt, dass die wichtigen Teile der Gefechtsstandausrüstung zuerst verfügbar sind. Das Entladen eines LKW erfolgt binnen 90 Sekunden. ***Alle Stabsangehörigen***, unabhängig vom Dienstgrad, arbeiten mit. Kraftfahrer sind so trainiert, dass sie in der Lage sind, das Zu- und Weg-

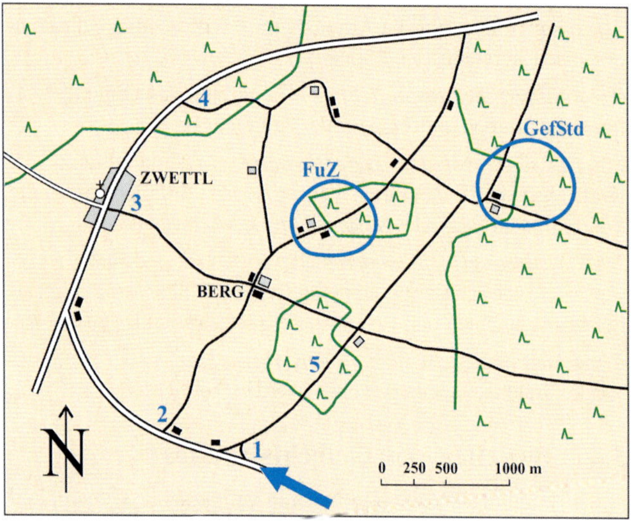

Abb. 5.16: Das Beziehen des Gefechtsstandes.

Der Kommandant hat die Vorschläge des Erkundungskommandos gehört und den GefStd und den Raum für die Funkzentrale (FuZ) befohlen. Es gibt 4 Zufahrtsmöglichkeiten von der Bundesstraße:

1. **Das ist der direkte, aber gleichzeitig auffällige Weg zum GefStd. Wesentlich ist aber das Wäldchen (5) am Weg dorthin. Es bietet sich als Warteraum an.**
2. **Eine durchaus geeignete Zufahrt, aber mit dem Nachteil, das Gehöft BERG nahe der geplanten Funkzentrale durchfahren zu müssen.**
3. **Die Abzweigung liegt im Ortsgebiet von ZWETTL. Zu viele Leute würden die Fahrzeuge beim Einbiegen bemerken. Das widerspricht der Geheimhaltung.**
4. **Wäre auch geeignet, allerdings ist die Ortschaft ZWETTL zu durchfahren.**

Der Kommandant entscheidet sich für die Abzweigung 1 und für das Wäldchen 5 als Warteraum.

fahren rasch durchzuführen. Der Einsatz der Transportrodel erleichtert die Arbeit innerhalb des Gefechtsstand-Objektes. (Die o.a. Zeit zu erreichen, erfordert aber einigen Trainingsaufwand.)

5.4.2 Durchführung des Beziehens

Die ***Einweiser***, die das Beziehen regeln, werden zweckmäßigerweise Kadersoldaten sein.

Beim Gefechtsstand: Wichtig ist das rasche Entladen, um Platz für die nächsten Kraftfahrzeuge zu machen. Die Gefechtsstand-Ausrüstung wird daher vorläufig im Vorhaus abgestellt. Das Kraftfahrzeug hat sofort in die zugewiesene Deckung zu fahren.

Im Gefechtsstand: Die Sicherung wird in Stellung gebracht, die Arbeitsbereitschaft hergestellt und die Verteidigung des Gefechtsstandes vorbereitet.

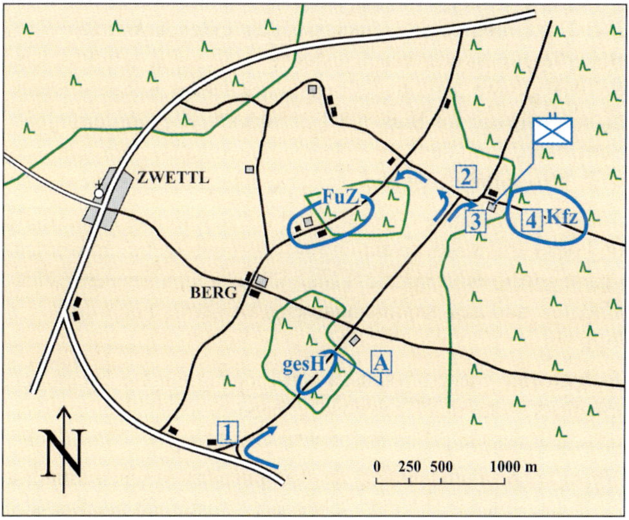

Abb. 5.17: Durchführung des Beziehens. Legende siehe Seite 186.

Zu Abb. 5.17, Seite 185:

1 Einweiser an der Bundesstraße;

2 Einweiser;

3 Einweiser am GefStd;

4 Einweiser im Kfz-Abstellraum;

A Ablaufpunkt. Der zeitliche Fahrzeugabstand besteht aus:

- **= Fahrzeit vom Ablaufpunkt bis zum GefStd;**
- **= Abladezeit 90 s;**
- **= Zeitbedarf für das Wegfahren vom GefStd in die erkundete und festgelegte Deckung.**

gesH Gesicherter Halt in der letztmöglichen Deckung.

5.5 Innere Organisation des Gefechtsstandes

5.5.1 Raumaufteilung

Das Einrichten eines Gefechtsstandes unter Ausnützen eines Beherbergungs- oder Gasthausbetriebes ist meist kein Problem. Schwierig wird die Situation erst unter beengten Raumverhältnissen, wie sie im Kap. 5.3.1.2 „Strukturelle Forderungen“, Seite 176 ff., mit dem abgebildeten Bauernhaus dargestellt werden. Was sollte bereits bei der Erkundung bedacht werden?

Keller: Der gesamte Gefechtsstand mit der Meldesammelstelle und der Fernsprechvermittlung soll dort untergebracht werden. Günstig wäre es, wenn die Schlafmöglichkeiten der Fernmeldesoldaten und des Kommandantenkraftfahrers auch dort sein könnten.

Erdgeschoß: Sicherungsposten am Eingang mit Beobachtungsmöglichkeit auf den Hauptannäherungsweg. Stellungen zur Verteidigung des Gefechtsstandes unter Beachtung der Mauerdicke.

Hausgarage: Funkfahrzeug des Kommandanten und zumindest ein geländegängiges Krad. Dabei darf es natürlich nicht passieren, dass die Kraftfahrzeuge des Hausbesitzers, wie PKW, Traktoren und landwirtschaftliche Geräte, außerhalb des Hauses abgestellt werden. Dies wäre ein Anzeichen, dass die Garage von anderen Benützern belegt ist.

Andere Teile des Bauernhauses: Diese dienen der Unterbringung des Stabes. Zu beachten ist dabei, dass vor allem die dem Feind abgekehrte Seite des Objektes genutzt wird.

Tenne: Hier besteht die Möglichkeit, unbedingt nötige Kraftfahrzeuge abzustellen und noch weitere Soldaten unterzubringen. Wie bereits vorher dargestellt, befindet sich das Gehöft auf einem Hinterhang abseits der Bundesstraße, aber auch entsprechend entfernt von anderen Güterwegen.

Abb. 5.18: Die Tür ist ausnahmsweise offen. Nichts darf von außen auf das Vorhandensein eines Gefechtsstandes und seiner Fahrzeuge schließen lassen.

5.5.2 Lageraum

Kommandant und Stellvertreter haben im Kommandantenraum einen gemeinsamen Arbeitsplatz, brauchen aber auch einen Platz im Lageraum.

Der Artillerieverbindungsoffizier (AVO) benötigt eine ausreichende Arbeitsfläche.

Der S6 soll in der Nähe des S2 und S3 seinen Arbeitsplatz haben, um Lageentwicklungen fernmeldemäßig unverzüglich beurteilen zu können.

Abb. 5.19: Unbrauchbar: Dieser unterstellte FM-Trupp, offensichtlich schlecht ausgebildet und geführt, glaubt, dass seine „Scheintarnung" ausreichen wird. Derartige Unsitten sind zu beseitigen, und die militärische Ordnung ist unverzüglich herzustellen.

Unabhängig davon muss der Kopiertisch zugänglich sein.

Befehlsausgaben werden im Lageraum die Stabsarbeit stören, fordern allerdings in der Regel eine Lagekarte. Ein Besprechungsraum ist somit nötig, nur für die Lageeinweisung ist in den Lageraum zu wechseln.

5.5.3 Dauerbetrieb im Gefechtsstand

„Wozu brauchen wir einen Schichtbetrieb, die Übung dauert ohnehin nur 3 Tage!". Diese Feststellung hört man gar nicht so selten. Sie ist ein Produkt friedensmäßiger Übungen, die aus finanziellen Gründen zu kurz bemessen sind. Ursachen sind al-

Abb. 5.20: Der Arbeitsplatz des S3.

Abb. 5.21: Die Lagekarten des S2 und des S3. Wesentlich ist die Zusammenarbeit der beiden Trupps. Die Lagekarten stehen daher nebeneinander; damit ist ein Vergleichen der Eintragungen möglich.

lerdings auch die geistige Anspannung, übermäßiger Kaffeekonsum und vor allem die Neugierde, was während der Abwesenheit alles passieren könnte.

Das ist verständlich, aber: Ein militärischer Einsatz zeichnet sich immer durch eine nicht vorher bestimmbare Dauer aus. Bereits im Frieden ist es daher nötig, das Stabspersonal mit Nachdruck zum Schichtbetrieb zu erziehen.

Vor allem Kommandanten neigen zur durchgehenden Arbeitszeit, irrtümlicherweise glauben sie unabkömmlich zu sein. Als Vorbilder müssen sie sich in den Schichtbetrieb einfügen.

Die so genannte Kernzeit ist von der Lage, aber auch von der Kampfführung abhängig. Während der Kernzeit ist der Stab vollzählig am Arbeitsplatz verfügbar.

Die Intensität und Dauer der Ruhezeit ist daher auch von der Lage und der Kampfführung abhängig. Zu entscheiden sind aber auch unwichtig scheinende Einzelheiten, z. B. ob die Schuhe oder auch der Feldanzug ausgezogen werden dürfen.

5.6 Gefechtsstandwechsel zum Ausweichgefechtsstand

Grundsätzlich ist ein Gefechtsstandwechsel nicht anders zu sehen als der Stellungswechsel eines Granatwerferzuges, allerdings mit erhöhtem FM-Aufwand.

Ohne Zweifel ist das Verlegen der Fernmeldeverbindungen, also zuerst Ab- und dann wieder Aufbau, ein hoher Aufwand.

Am neuen Gefechtsstand muss vor dem Wechsel bereits ein Mindestmaß an FM-Verbindungen vorhanden sein.

Ein Gefechtsstandwechsel darf keine Besonderheit, sondern muss Routine sein.

> Ausweichgefechtsstand ist ein zumindest fernmeldemäßig vorbereiteter Gefechtsstand, der in bestimmten Lagen erforderlich sein kann und der die Weiterführung der zu geordneten Kräfte sowie das Halten der Verbindungen zu vorgesetzten Stellen und Nachbarn ohne Unterbrechung ermöglicht. (MilLex)

5.6.1 Vorbereiten des Gefechtsstandwechsels

Der Ausweichgefechtsstand ist frühzeitig zu erkunden, entweder gleichzeitig mit dem Gefechtsstand oder spätestens dann, wenn dieser festgelegt wurde. Es kann natürlich auch vorkommen, dass bei der Erkundung des Gefechtsstandes bereits mehrere Möglichkeiten gefunden wurden. Die beste Möglichkeit wird dann der eigentliche Gefechtsstand und eine andere Möglichkeit der Ausweichgefechtsstand.

Sobald die wesentlichen FM-Verbindungen am GefStd betriebsbereit sind, hat der FMZg die Planungs- und Arbeitskapazität auf den AwGefStd zu verlegen und diesen fernmeldemäßig vorzubereiten. Die FM-Verbindungen des AwGefStd dürfen sich nicht auf jene des bereits bestehenden GefStd abstützen. Begründung: Würde der GefStd zerstört oder vom Feind besetzt, würden alle FM-Verbindungen ausfallen oder vom Feind abgehört werden können.

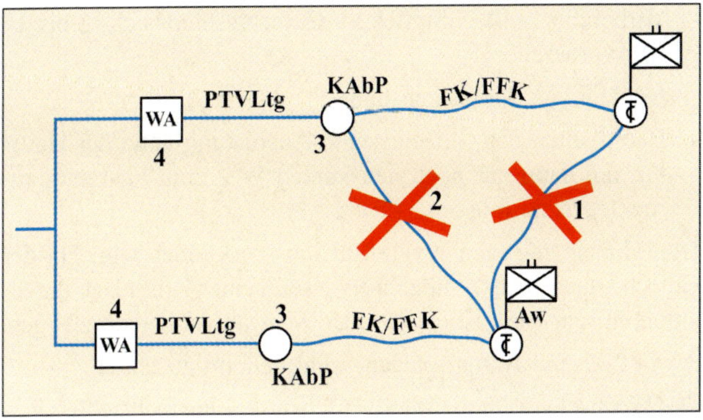

Abb. 5.22:

Falsch:

1 **Die Vermittlung des AwGefStd wurde an jene des GefStd angeschlossen.**

2 **Die Vermittlung des AwGefStd wurde an den Kabelabholpunkt (KAbP) des GefStd angeschlossen. Dies wäre nur dann sinnvoll, wenn dieser KAbP weit hinten liegen würde, was allerdings selten vorkommen wird.**

Richtig:

3 **GefStd und AwGefStd haben voneinander getrennte KAbP.**

4 **Zweckmäßigerweise stützen sie sich auf verschiedene Wählämter (WA) der Telekom ab.**

Bei weit entfernten WA kann der Ausbau der Fernsprechverbindungen durch Einsatz von Richtverbindungen (RV) beschleunigt werden.

Das Ausmaß des Kabelabbaues bei einem Gefechtsstandwechsel ist genau zu beurteilen. Zurückgelassene Kabel könnten vielleicht später wieder genützt werden, die mögliche Abhörgefahr ist in Erwägung zu ziehen. Im Zweifelsfall sind die Kabel „tot“ zu legen.

Ein Beladeplan muss natürlich auch vorhanden sein.

Das Zu- und Abfahren der Kfz hat im Einzelmarsch zu geschehen. Das Beladen des Einzel-Kfz darf nicht länger als 90 s dauern. Es ist daher nötig, das Verladen vorzubereiten - durch

- Vorbefehle, z. B.: „Staffel 1 - Gefechtsstandwechsel bis xy Uhr vorbereiten!“,
- rechtzeitiges Einpacken und
- Bereithalten der Gefechtsstand-Ausrüstung nahe der Haustür, um dann nur noch den kurzen Weg zum Fahrzeug zurücklegen zu müssen.

Der Marschweg zum AwGefStd muss erkundet sein. Da der Gefechtsstandwechsel möglicherweise in einer Krisenlage durchzuführen sein wird, ist dies bei der Wegwahl zu berücksichtigen.

AwGefStd und Anmarschwege sind geheim zu halten.

Der Wechsel erfolgt meistens staffelweise. Eine rechtzeitige Personal- und Fahrzeugeinteilung ist nötig. Die geschlossene Verlegung ist die Ausnahme, denn sie unterbricht die Stabsarbeit!

5.6.2 Zeitpunkt des Gefechtsstandwechsels

Er ist durchzuführen, wenn

- der GefStd aufgeklärt wurde und ein Feindangriff nicht ausgeschlossen werden kann,
- der GefStd angegriffen und der Feind abgewiesen wurde,
- eine Lageänderung eintritt, die ein Führen aus dem derzeitigen GefStd nicht mehr zweckmäßig erscheinen lässt,
- ein Wechsel der Einsatzart eintritt, wie z. B. Übergang von der Verteidigung zur Verzögerung.

Zu überlegen ist, ob am geräumten Gefechtsstand ein Scheinbetrieb aufrecht erhalten werden soll. Eine derartige Maßnahme könnte auch mit einem vorbereiteten Hinterhalt in Zusammenhang gebracht werden.

5.6.3 Räumen des Gefechtsstandes unter Feinddruck

Der Stabszug hat sich dabei wie ein Jägerzug im Verzögerungskampf zu verhalten.

Es geht vor allem darum, unter Ausnützung der vorbereiteten Sperren im Zusammenwirken mit Maschinengewehr und Panzerabwehrrohren den Feind so zu verzögern, dass auch den FM-Trupps das Lösen vom Feind gelingt, um mit diesen neuerlich ein Führungsnetz aufbauen zu können.

5.7 Bewegliche Befehlsstelle

Die Arbeitsbereitschaft muss sowohl in der Bewegung als auch stationär gegeben sein.

> Bewegliche Befehlsstelle:
>
> Ist die örtlich nicht gebundene Befehlsstelle, zu Lande (zu Wasser) oder in der Luft, aus der ein Kommandant abgesetzt, vom Gefechtsstand zeitlich begrenzt - insbesondere zur persönlichen Einflussnahme auf die Truppe führt. (MilLex)

Ein Abstützen auf den Gefechtsstand Unterstellter ist wegen der dort vorhandenen Fernmeldeverbindungen von Vorteil. Wenn das nicht möglich ist, muss mit den Funkgeräten der Fahrzeuge das Auslangen gefunden werden, wobei aber der Zugriff auf Drahtverbindungen, vorbereitete Standleitungen sowie die Einbindung von Richtverbindungen und die Nutzung sonstiger Leitungsnetze anzustreben sind.

5.7.1 Wann wird eine bewegliche Befehlsstelle gebildet?

- Bei einem ***Gefechtsstandwechsel***, um einfache Führungsmaßnahmen wahrzunehmen;
- wenn der Stab seinen ***Gefechtsstand unter Feinddruck räumen*** muss oder der ***Gefechtsstand*** überhaupt ***ausgefallen*** ist.

5.7.2 Führungsmöglichkeiten einer beweglichen Befehlsstelle

Vor allem geht es um das unmittelbare und sofortige Einwirken auf das Gefecht mit Hilfe eines verkleinerten Gefechtsstabes zwecks:

- ***Koordinierung des Feuers*** von Artillerie und Granatwerfern;
- ***Nahunterstützung durch Fliegerkräfte*** mittels Fliegerleittrupp (FlLTrp);
- ***Einsatz der Reserven***;
- ***Beherrschen von Krisenlagen*** durch Anwesenheit des Kommandanten.

Natürlich können auch andere Aufgaben bewältigt werden.

5.7.3 Zusammensetzung einer beweglichen Befehlsstelle

Grundsätzlich ist die Einschränkung der Führungsfähigkeit durch verminderte Fernmeldeverbindungen zu berücksichtigen. Diese Feststellung hat auch Gültigkeit, wenn sich der Kommandant auf den Gefechtsstand eines Unterstellten abstützt dessen Verbindungen weder vom Umfang noch von der Leistung ausreichen.

Es kann aber auch nötig werden (siehe Abb. 5.23, Seite 195), diese bewegliche Befehlsstelle zu verstärken. Nötig wird das immer dann sein, wenn der Kommandant während der Bewegung zu führen hat, beispielsweise am Marsch oder im Angriff.

Vor allem wird es dabei um den Einsatz der Kampfhubschrauber und Jagdbomber sowie der Fliegerabwehr und der Steilfeuerwaffen gehen.

Dies bedeutet ***Koordination zwischen:***

- ***Kampfhubschraubern*** und ***Jagdbombern***;
- ***Fliegereinsatz*** und ***Fliegerabwehr***;
- ***Fliegereinsatz*** und ***Einsatz der Steilfeuerwaffen***.

Nur wenn diese Koordination zufriedenstellend gelöst wird, ist die für die Jägerkompanien notwendige Kampfunterstützung auch unter eingeschränkter Führungsmöglichkeit darstellbar.

In ungeklärten Lagen ist die Verstärkung durch eine Bedeckung unbedingt nötig, schließlich ist das Führen des Truppenkörpers und gleichzeitig das der Nahsicherung durch ein und denselben Personenkreis nicht möglich.

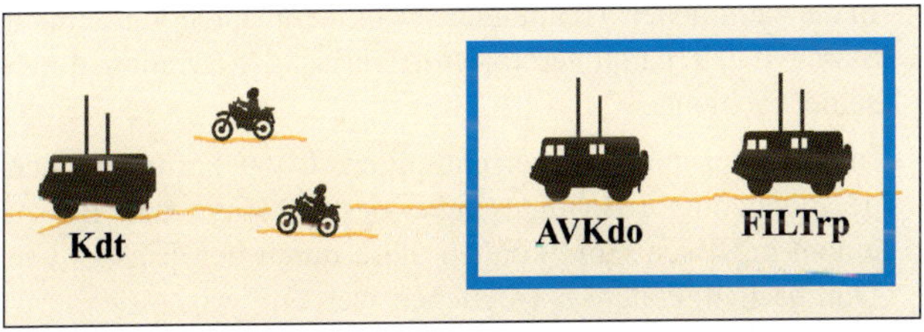

Abb. 5.23: Die bewegliche Befehlsstelle besteht zumindest aus dem Kommandanten und aus Stabsteilen sowie 1 bis 2 Kradmeldern.

Kdt und S3: Das ist der extrem verminderte Stab. Die Hauptschwierigkeit liegt nicht in der Qualität, sondern in der unzureichenden Arbeitskapazität. Es liegt in der Leistungsfähigkeit dieses Zweimannbetriebes, dass er nur über kurze Zeit führen kann. Der Funker muss von überdurchschnittlicher Qualität sein.

2 Kradmelder: Für diese tritt in der Aufgabe keine Besonderheit auf.

5.8 Führen vom Kommandantenfahrzeug - Kommandant unterwegs

Der Kommandant wird, wenn die Lage es zulässt, bei seiner Truppe sein, um mit Rat und Tat dafür zu sorgen, dass gegebene Befehle in seinem Sinn durchgeführt werden. Es ist nicht allein im Frieden seine Pflicht, Dienstaufsicht auszuüben, sondern er muss dies auch im Einsatz tun. Die Anwesenheit eines guten Kommandanten wird auf die Soldaten, besonders bei einer kriegsunerfahrenen Truppe, beruhigend wirken.

Der Kommandant wird also oft unterwegs sein, wird auch vom Fahrzeug aus führen müssen und die Arbeit im Gefechtsstand seinem Stellvertreter überantworten. Das darf natürlich nicht dazu führen, dass der Kommandant sich von seinem Stab abkoppelt und nur noch unterwegs ist.

5.8.1 Einschränkungen der Führungskapazität

Wenn der Kommandant unterwegs ist, ergeben sich Einschränkungen der Führungsfähigkeit. Die Ursachen liegen:

- In der räumlichen Trennung des Kommandanten von seinem Stab und dem damit verbundenen Verlust der Beratung durch seine Fachleute.
- Im Bereich der Funkverbindungen. Dazu kommen noch geländebedingte Behinderungen des Funkverkehrs. Bis zu einem gewissen Grad können diese durch den Einsatz von Durchschaltgeräten ausgeglichen werden.
- In der verminderten Ausstattung des Kommandantenfahrzeuges mit schriftlichen Führungsunterlagen.

5.8.2 Die Besatzung des Kommandantenfahrzeuges

(siehe Abb. 5.24, nächste Seite.)

Kf - Kraftfahrer: Er muss mehr als ein guter Kf sein. Folgende Fähigkeiten, oder Fertigkeiten sind unverzichtbar:

- Sowohl während des Marsches als auch beim Halt hält er Verbindung zu den anderen Fahrzeugen.
- Bei einem Halt fährt er ohne Befehl sein Kfz in die nächste Deckung und tarnt es unaufgefordert.

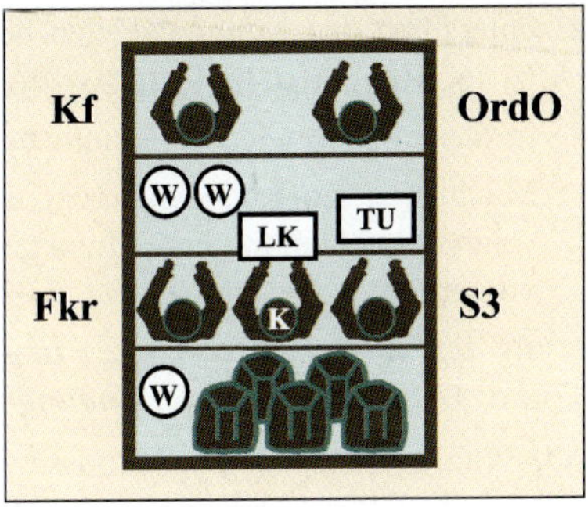

Abb. 5.24.

- Übernimmt gemeinsam mit den begleitenden Kradmeldern die Sicherung, um der Fahrzeugbesatzung ein ungestörtes Arbeiten zu ermöglichen.
- Lernt den Marschweg auswendig, kann sich einwandfrei orientieren, beherrscht die Handhabung von Landkarte und Bussole.
- Beherrscht das Funkgerät, den Funksprechverkehr und unterstützt zeitweise den Funker.

OrdO - Ordonnanzoffizier:

- Wendig, denkt mit und lebt voll in der Lage;
- manchmal hat der Kommandant Wichtigeres zu tun, als Fahrzeugkommandant zu sein - der Ordonnanzoffizier übernimmt dann in so einem Fall diese Funktion. Der Kommandant kann sich auf seine Führungsaufgabe konzentrieren:
- überwacht Sicherung und Tarnung;
- fertigt Kradmelder ab;
- muss in der Lage sein, andere Offiziere sowohl in das Gelände als auch in die Lage einweisen zu können.

Fkr - Funker:

- betreibt bis zu 3 Verbindungen, zum GefStd, zu den unterstellten Teilen und in Ausnahmefällen zum vorgesetzten Kdo;

- unterstützt den Kommandanten beim Kdt-Funk;
- ist über alle Funknetze des Verbandes informiert und tritt in diese auf Befehl des Kommandanten ein;
- Macht den Kommandant rechtzeitig darauf aufmerksam, wann er bei dem tragbaren Funkgerät einen Batteriewechsel vornehmen wird müssen.

  Es darf nicht passieren, dass in einer Krisensituation aus o.a. Grund die Funkverbindung ausfällt!

S3: Während normaler Verhältnisse wird er den Kommandant nicht begleiten, schließlich ist sein Arbeitplatz am Gefechtsstand. Es kann aber notwendig werden, den Kommandanten während der Fahrt zu unterstützen. Im Fahrzeug des Kommandanten wird daher ein Arbeitstisch, groß genug für Lagekarte (LK) und taktische Unterlagen (TU) benötigt.

Herkömmliche Funkfahrzeuge sind daher für das Führen vom Fahrzeug aus wenig geeignet.

Der Kommandant hat nichts anderes zu tun, als NUR ZU FÜHREN.

Seine Befehle gibt er in der Regel persönlich über Funk.

Er wird als Fahrzeugkommandant nur dann tätig werden, wenn es für ihn sonst nichts zu tun gibt.

„Kommandant unterwegs“:

Dies bedeutet, eine verkleinerte bewegliche Befehlsstelle zu betreiben. Daraus kann sich ergeben:

Verlässt der Kommandant sein Fahrzeug, (siehe auch Abb. 5.26, Seite 199) begleiten ihn sowohl der Funker mit dem tragbaren Funkgerät als auch der abgesessene Kradmelder.

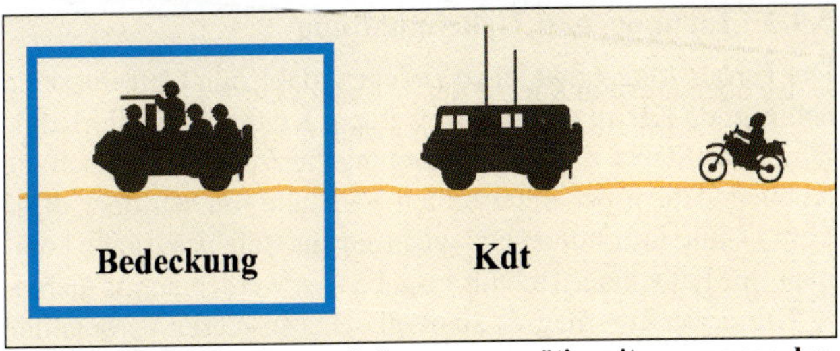

Abb. 5.25: Die Bedeckung wird nur wenn nötig mitgenommen; dasselbe gilt auch für den zweiten Kradmelder.

Abb. 5.26: Der OrdO bleibt mit dem Kf im Funkfahrzeug, hält Verbindung zum GefStd und zum Kdt. Es kommt darauf an, die Verbindung zwischen GefStd und Kdt nie abreißen zu lassen. Nötigenfalls fungiert der Kraftfahrer als weiterer Melder zwischen OrdO und Kdt.

5.9 Sicherung und Verteidigung des Gefechtsstandes

Die Maßnahmen zum Schutz des Gefechtsstandes umfassen Tarnung, Geländeverstärkung, Sperrenausbau und das Verteidigen des Gefechtsstandes. Die Qualität und Quantität der Maßnahmen ist lageabhängig. Wesentlich ist der Faktor Zeit. Wie viel Zeit lässt uns der Feind bzw. wie viel Zeit werden wir brauchen, um die Verteidigung des Gefechtsstandes vorzubereiten? Letzthin entscheidet der Kommandant, was alles getan werden muss.

5.9.1 Tarnung und Geheimhaltung

Die ***Verbotslinie Licht*** ist so zu legen, dass zum Gefechtsstand abbiegende Kfz nicht erkannt werden. Kradmelder, alle Kraftfahrer des Stabes und der Versorgungsfahrzeuge, aber auch die Kommandanten der unterstellten Verbände müssen über diese Verbotslinie informiert sein, wenn sie zur Befehlsausgabe kommen. Im Falle einer Befehlsausgabe - es werden somit mehrere Kfz erwartet - mag es sinnvoll sein, an dieser Verbotslinie einen Posten aufzuziehen.

Die ***Außensicherung mit der Straßensperre*** ist vom Gefechtsstand so weit abgesetzt, dass nicht auf die Lage des Gefechtsstandes geschlossen werden kann.

Die ***Verbotslinie Kfz*** wird in der Regel durch die Straßensperre vorgegeben sein. Dort wird möglicherweise auch der Versorgungsverteilungspunkt (VVP) des Gefechtsstandes liegen.

Die ***Ausschilderung des Gefechtsstandes*** entfällt, da alle, die den GefStd kennen müssen, über dessen Lage zu informieren sind.

Halte- und damit auch ***Parkverbot*** im Bereich des Gefechtsstandes.

Der ***Parkplatz für Besucher*** hat hunderte Meter vom Gefechtsstand entfernt zu sein, der Fußmarsch ist zumutbar. Ausnahme wäre das Vorhandensein einer Tiefgarage nahe des Gefechtsstandes, wie das in größeren Orten erwartet werden kann.

Befindet sich der Gefechtsstand in einer Gehöftgruppe oder kleineren Ortschaft, kann es zweckmäßig sein, Ortsfremden den Zutritt zu diesem Gelände zu verwehren. ***Berechtigte*** erhalten Ausweiskarten mit Evidenznummer, Rundsiegel und Unterschrift.

Der ***Sicherungsposten*** befindet sich nicht vor der Eingangstür des Gefechtsstandes, sondern ***im Haus***. Die Zufahrt wird von einem Fenster aus beobachtet und zwar so, dass der Posten nicht gesehen werden kann. Das Betreten des Gefechtsstandes darf erst nach Ausweisleistung und Genehmigung durch den Sicherheitsbeauftragten erfolgen.

In der Hausgarage sind das ***Fahrzeug des Kommandanten*** und die ***Kräder der Melder*** abgestellt. Das Garagentor ist nur zum Ein- oder Ausfahren zu öffnen. Ein Beispiel:

Der ***Posten*** erkennt den heranfahrenden Kommandanten an einem vorher festgelegten Erkennungszeichen, lässt das Garagentor von innen öffnen und nach dem Einfahren des Kfz sofort wieder schließen.

Tarnung: Personen, die sich innerhalb des Gefechtsstandobjektes aufhalten, dürfen von außen nicht erkennbar sein, daher müssen die Vorhänge geschlossen und die Fenster verdunkelt werden. Die Feldkabel sind eingegraben und getarnt, ebenso der Abspannbock. Alle Funkstellen sind abgesetzt. Richtverbindungsantennen sind ebenso abgesetzt und getarnt.

5.9.2 Geländeverstärkung

Es gelten die Grundsätze der Verteidigung von Ortschaften.

Kampfdeckungen befinden sich zweckmäßigerweise innerhalb des Gefechtsstandobjektes. Das Beziehen von Stellungen außerhalb des Objektes könnte für die aus dem Haus herauslaufenden Soldaten den Tod bedeuten.

Mauern mit unzureichender Dicke sind mit Sandsäcken zu verstärken. Die Zimmerdecken des Gefechtsstandes und der Stellungen sind so zu pölzen, dass sie den Schutt herabgestürzter oberer Stockwerke tragen können.

5.9.3 Sperrenausbau

Der Umfang der zu treffenden Maßnahmen ist natürlich lageabhängig. In der Einsatzart Angriff sind sicher wenige der nachfolgenden Maßnahmen zu setzen. Im Gegensatz dazu sind die Maßnahmen bei ungeklärter Lage, beispielsweise bei einem Einsatz im Auftrag der UN oder im Zusammenwirken mit der NATO, zu treffen. Das Vorhandensein von Terroristen oder Guerilleros zwingt zu extremen Sicherungsvorkehrungen.

Wenn es die personelle Lage zulässt, wird der Stabszug von einer Pioniergruppe zu unterstützen sein. Da dies nicht garantiert werden kann, muss der Stabszug in der Lage sein, die nachfolgende Tätigkeiten selbständig durchführen zu können:

Die Straßensperre der Außensicherung besteht zumindest aus einem Satz Stachelbandrollen (SB-Rollen) oder aus so genannten „Spanischen Reitern".

Alle weiteren Zufahrtswege sind auch zu sperren.

Schnellsperren in Form von Panzerminenriegeln werden vor Ort bereitgehalten. Es kann in bestimmten Lagen nötig sein, diese Panzerminen bereits in entsichertem Zustand bereitzuhalten.

Annäherungsmöglichkeiten in sichttoten Räumen werden mit Alarmminen und Richtsplitterladungen gesperrt. Diese Sperren können auch doppelt verlegt werden. Erkennt der Feind den Spanndraht, wird er ihn umgehen und dann in die zweite Sperre laufen.

Annäherungsmöglichkeiten im offenen Gelände werden zweckmäßig mit Stolperdraht, Niederdrahtzäunen oder Drahtschlingen behindert.

Hohe Drahtsperren wie Flandernzäune sind einerseits wegen des Aufwandes und andererseits wegen der schwierigen Tarnung der Ausnahmefall.

Der Abspannbock kann mit Alarmminen gesichert werden, eine Arbeit, für die das Fernmeldepersonal verantwortlich ist! Die zweckmäßigste Sicherung des Abspannbocks ist allerdings dessen Tarnung.

Richtsplitterladungen sollen in schusstote Räume wirken und das Sturmabwehrfeuer verdichten.

Alle Minensperren sind in den Sperrungsplan des Stabszuges aufzunehmen und damit zu dokumentieren. Bei einem Räumen des Gefechtsstandes ist dies eine wichtige Sicherheitsmaßnahme für die Wiederaufnahme der Minen.

5.9.4 Verteidigen des „Stützpunktes Gefechtsstand“

Details anzuführen, erübrigt sich. Schließlich ist bekannt, wie die Verteidigung eines Stützpunktes vorzubereiten und durchzuführen ist. Welche Abläufe sind daher zu erwarten?

- ***Bei feindlichen Aktivitäten in Gefechtsstandnähe***: Kampfkräftige Aufklärung im Bereich des Gefechtsstandes durch die in der Nähe liegende Kompanie oder/und den StbZg.
- ***Bei Angriff auf den Gefechtsstand***: Sturmabwehr, Abriegeln, Gegenstoß.

Abb. 5.27: Soldaten eines Stabes beim Üben des Gegenstoßes im Bereich des Gefechtsstandes. Alle, unabhängig vom Dienstgrad, machen da mit.

Wer führt den Abwehrkampf? Der Stab wird mit Masse den Abwehrkampf führen müssen, natürlich unter Einbindung aller am Gefechtsstand anwesenden Soldaten.

Wer verrichtet während des Abwehrkampfes ***die Stabsarbeit?*** Eine Minimalbesatzung verbleibt vor allem im Lageraum und erledigt Unaufschiebbares. Vermittlung und Funkstellen arbeiten mit einer Notbesetzung. Diese Stabssoldaten haben auf den Nahkampf vorbereitet zu sein. Sie tragen ihre Rüstung und haben ihre Sturmgewehre griffbereit.

Was macht der Kommandant? Von seiner Funktionsbezeichnung ist abzuleiten, dass er seinen Verband und nicht Nahkampf zu führen hat. Dessen ungeachtet wird er sich nicht in den Keller seines Gefechtsstandes zurückziehen und die erfolgreiche Abwehr des Angriffes abwarten können. Hauptaufgabe ist und bleibt aber die Führung!

Kommt es allerdings zur Erstürmung des Gefechtsstandes und zum Nahkampf, wird der Kommandant beispielhaft seinen Soldaten vorangehen und mit der Waffe in der Hand seinen Gefechtsstand verteidigen.

Andernfalls könnte er nie mehr seinen Soldaten in die Augen schauen.

5.10 Taktisches Trainingsprogramm des Stabszuges/Vorschlag Truppenübung

Ausgangslage:

Der unangenehmste Fall wird angenommen: Sicherungsgruppen stehen ebenso wenig wie Pioniere zur Verfügung. Der Stab mit seinen Fernmeldetrupps muss daher in der Lage sein, alle taktischen Maßnahmen in Eigenverantwortung zu setzen.

Diese unangenehme Situation hat allerdings auch den Vorteil, dass die Truppe von Hilfsaufträgen gegenüber dem Stab entbunden wird und sich nicht als Handlanger missbraucht fühlt. Mancher Kadersoldat wird allerdings für diese Einstellung kein Verständnis aufbringen; Information ist daher Voraussetzung für einen positiven Ablauf.

Die Ausbildung im Stabsdienst wird für Berufs- und Milizkader als abgeschlossen beurteilt. Der Kader ist friedensmäßig im Stab tätig, allerdings kaum mit Einsatzaufgaben, sondern oft nur mit Verwaltungsarbeiten beschäftigt. Da es sich meistens um Offiziere und Unteroffiziere handelt, die früher als Kommandanten im Ausbildungsdienst tätig waren, sind ausreichende praktische Vorkenntnisse vorhanden. Vor der Truppenübung ist allerdings eine Auffrischung derselben angebracht.

Ziel 1: Die Kadersoldaten des Stabszuges bilden sich selbst und die zur Truppenübung einberufenen Milizsoldaten aus. Dadurch wird eine Störung anderer Teile unterbunden.

Ziel 2: Der Kader hat alles daranzusetzen, dass die Truppenübung in einem geordneten Rahmen ablaufen kann. Der Stabszug hat Vorbild des Verbandes zu sein und muss daher entsprechende Verhaltensnormen einhalten. Dies ist auch der Grund für das in das Trainingsprogramm aufgenommene Exerzieren.

Durchführung: Für jedes Ausbildungsthema wird ein Ausbilder befohlen, der seine Kenntnisse aufzufrischen und während der Kaderausbildung weiterzugeben hat.

„0“ bedeutet, dass in der Vorbereitungsphase der Truppenübung keine Zeit aufgewendet werden muss, da das Ausbildungsthema ausreichend zum Tragen kommen wird, oder für eine Personengruppe als Ausbildungsziel nicht vorgesehen ist.

Ausbildungsinhalt	**Zeitanhalt/Std** **Kader**	**Rekruten**
Vorbereitende Information		
Organisation des Verbandes Wehrpolitischer Unterricht Übungsanlage und Befehle	2 0 2	0,5 1 1
Ordnung und Disziplin		
Exerzieren* (Antreten, Marsch, Kfz) Packordnung und Rüstung	0,5 1	0,5 1

*Kommentar zum Exerzieren:
Psychologisch geht es darum, vom friedensmäßigen Stabsbetrieb eines Kommandos oder vom Zivilberuf auf „Militär im Einsatz“ umzuschalten.

Ausbildungsinhalt	Zeitanhalt/Std Kader	Rekruten
Karten und Geländekunde		
Orientieren mit Bussole und Karte	2	0
Meldeverfahren	2	0
Marschskizze	1	0
Führen der Lagekarte	2	0
Führen des Kommandotagebuches	1	0
Pers- und Vers-Meldesystem	1	0
Handhabung Fax- und Kopiergerät	0,5	0,5
Kraftfahrdienst		
Einweisen, Führungszeichen	1	0
Aufgaben des Fahrzeug-Kdt, Beladeplan	1	0
Handhabung Tarnnetz	1	1
Sanitätsdienst		
Selbst- und Kameradenhilfe	2	3
ABC-Abwehrmaßnahmen	0,5	1
Waffenausbildung		
Sturmgewehr	1	1
Maschinengewehr	4	0
leichtes Panzerabwehrrohr	1	1
Scharfschießen	2	2
Handgranate	2	1
Handgranatenwerfen	0,5	0,5
Pionierdienst		
Pölzen eines Raumes	1	0
Ausbau von Drahtsperren	2	0
Schnellsperren mit SB-Rollen	0,5	0,5

Ausbildungsinhalt	Zeitanhalt/Std Kader	Rekruten
Pionierdienst		
Handgranate mit Abzugsdraht	2	0
Alarmmine	1	0
Richtsplitterladung	2	0
Panzermine/Panzerminenriegel	0,5	1
Fernmeldedienst		
Handfunksprechgerät	0,5	0,5
Tornisterfunksprechgerät	1	0
Fahrzeugfunksprechgerät	1	0
Einbausatz für KfzFuGer	2	0
Tarnen von Funksprüchen	1	0
Funksprechverkehr	1	0,5
Funkbetrieb über das Durchschaltgerät	0,5	0
Feldfernsprecher	0,5	0,5
Gefechtsstandarbeit		
Drillmäßiges Be- und Entladen eines Kfz	0,5	0,5
Gesicherter Motmarsch u. gesicherter Halt	2	1
Alarmierung und Sturmabwehr	1	1
Abriegeln eines Feindeinbruches	1	1
Gegenstoß	2	2
Vorbereiten eines GefStd-Wechsels	0,5	0,5
Räumen des GefStd unter Feinddruck	2	2

Abb. 5.28.

Der Inhalt des Exerzierens wird sich in der Regel auf Antreten, Tätigkeiten mit Rüstung, Ausrüstung und Handfeuerwaffen, Marsch, Tätigkeiten am Schießplatz und Exerzieren mit dem Fahrzeug beschränken - also auf alle Vorgänge, die von der Gemeinschaft rasch und genau zu erledigen sein werden.

Abb. 5.29: Der Stabszug mit seinen Fernmeldeteilen bei der „Morgenarbeit“ während einer Truppenübung.

Jeder Kadersoldat muss in der Lage sein, die Disziplin zu sichern. Sein vorbildhaftes Auftreten ist Voraussetzung dafür, dass Nachlässigkeiten und Disziplinlosigkeiten erst gar nicht einreißen.

6. Verbindungen

Verbindungen sind in Zusammenhang mit Gefechtsständen zu sehen. Verschiedene Möglichkeiten bieten sich an:

- Fernsprechverbindungen;
- Funkverbindungen;
- Verbindung mit Kradmelder;
- Verbindung durch Kurier;
- Verbindungshubschrauber.

Nicht nur Funkgeräte und Feldfernsprecher sind wichtige Elemente unserer Fernmeldeverbindungen (FM-Verbindungen), sondern auch ihre Zusatzausstattungen sind unverzichtbar, wie

- Einbausätze für zivile Ergänzungs-Kfz,
- Richtverbindungen,
- Durchschaltgeräte,
- Fernbedienungen und
- Zeichenübertragungsgeräte.

Die nachfolgenden Aussagen gelten sinngemäß für das Bataillon und die Kompanie. Sie enthalten keine fernmeldetechnischen Einzelheiten.

6.1 Aufgaben des Kommandanten im Fernmeldebereich

Nach Auswerten der Erkundungsergebnisse wurde der Platz der Gefechtsstände durch den Kommandanten festgelegt. ***Der Arbeitsbeginn des S6 oder des Fernmeldeoffiziers*** (FMO) hängt von weiteren Entscheidungen des Kommandsanten ab. Vor allem geht es darum, in welcher Reihenfolge und Art die FM-Verbindungen auszubauen sein werden. Dem FMO obliegt dann im Rahmen seines eigenen Führungsverfahrens die technische Durchführung.

Wesentlich ist der Platz der nachgeordneten Gefechtsstände, Stellungen der Unterstützungswaffen und der Versorgungspunkte. Die grobe Lage im Netzgeviert genügt dem S6 vorerst, um Kabelanschlusspunkte (KAP) und Kabelabholpunkte (KAbP) festzulegen.

> ***Kabelanschlusspunkt*** ist ein befohlener Punkt im Gelände, bei dem an eine bestehende Kabelleitung anzuschließen ist oder bei dem im abschnittsweisen Bau die Teilstrecken einer Kabelleitung zusammengeschlossen werden.
>
> ***Kabelabholpunkt*** ist ein befohlener vorläufiger Endpunkt einer Kabelbaustrecke, wenn die örtliche Lage der Endstelle noch nicht bekannt ist.
>
> (Beide Definitionen: MilLex.)

6.1.1 Reihenfolge des Ausbaues

Zuerst ist die Verbindung zu den im ***Schwergewicht*** eingesetzten Kräften und zu den Unterstützungswaffen herzustellen. Damit kann der Hauptträger des Kampfes bereits mit wirkungsvoller Feuerunterstützung rechnen.

Ebenso wichtig ist die Verbindung zur ***Reserve***. Das gilt auch für die Verbindung zum ***Truppenverbandplatz*** - eine wichtige Maßnahme zur Erhaltung der Kampfmoral.

Der Raum des taktischen Schwergewichtes ist gleichzeitig der Raum des Fernmeldeschwergewichtes.

Dann erst sind die anderen Verbindungen herzustellen.

6.1.2 Art der Verbindung

In der ***Verteidigung*** ist den Drahtverbindungen der Vorrang einzuräumen. Je näher Verbände zum VRV eingesetzt sind, desto mehr Funkgeräte werden allerdings zum Einsatz kommen müssen.

Sich im ***Angriff*** auf ein gut ausgebautes Fernsprechnetz abzustützen, ist nicht abwegig. Das gilt natürlich für jene Teile, die vorerst nicht in Bewegung sein werden, wie Feuerstellungen der Unterstützungswaffen, Versorgungspunkte, Truppenverbandplatz. Fernsprechverbindungen hinter der angreifenden Truppe nachzubauen, ist nicht außergewöhnlich.
In allen Fällen kommt der ***Tarnung der Fernmeldenetze*** hohe Bedeutung zu. Gemeint ist damit nicht nur das Tarnen von Sprüchen und die Platzwahl von Funkstellen, sondern vor allem die Anpassung an das Gelände im infanteristischen Sinn, also Tarnung der Kabelanschlusspunkte, der verlegten Feldkabel und Feldfernkabel, der Vermittlungen, Funkfahrzeuge, Antennen usw.

Drahtverbindung	Funkverbindung
Nur sprechen oder mehr? Fernschreiben Telekopieren (Fax)	Nur sprechen oder mehr? Funkfernschreiben Zeichenübertragung Fernbedienung

Abb. 6.1: Verbindungen.

6.1.3 Aufgabe des S6

Der S6 plant den FM-Einsatz im Sinne des taktischen Kommandanten und entscheidet über die ***FM-technische Durchführung*** wie Truppenbau mit Feldkabel (FK), Feldfernkabel (FFK), Richtverbindungen (RV), Anschluss an das IFMIN-Netz*, Festnetzschaltungen, KW oder UKW usw.
Der FMO berücksichtigt dabei nicht allein die FM-Belange, sondern auch ***taktische Einflüsse***, welche sich auf die FM-Verbindungen auswirken, wie Beschuss, Sabotage und Zerstörung durch den Fahrzeugverkehr.

---

* IFMIN=**I**ntegrierte **F**ern **M**elde **IN**frastruktur.

Der S6 bzw. Fernmeldeoffizier führt die ***Absprachen*** mit der Post/Telekom (und auch mit privaten Netzbetreibern) und deren örtlichen Bau- und Schalttrupps. Er delegiert die Detailabsprachen an die nachgeordneten Fernmeldeteile.

Zeitbedarf	
Planung und Absprachen mit Netzbetreibern	ca. 5 Std
Schaltmaßnahmen	ca. 2 Std

Abb. 6.2: Zeittabelle.

Als grober Anhalt kann angenommen werden, dass derartige Maßnahmen in 10 Stunden abgeschlossen sein können.

Der Kommandant muss die für Planung und Durchführung nötige Vorlaufzeit gewähren.

6.2 Fernsprechverbindungen

6.2.1 IFMIN-Netz und geschaltete Fernsprechleitungen

Verschiedene Fernsprechnetzbetreiber ermöglichen den raschen Aufbau des militärischen Fernsprechnetzes. Die Leitungsführung bedarf aber der fachkundigen militärischen Überprüfung. Es kann vorkommen, dass Kabeltrassen eines Festnetzes entlang von Straßen mit geplanten feldmäßigen oder vorbereiteten ***Sprengsperren*** führen. Ein Aktivieren dieser Sperren würde das eigene Fernsprechnetz empfindlich stören. Der S6 muss daher sowohl den Leitungsführungsplan des Festnetzbetreibers als auch den Sperrungsplan seines Verbandes genau kennen und Ausweichlösungen finden.

Da zivile Fernsprechnetze nicht nach militärischen Gesichtspunkten aufgebaut wurden, kann es passieren, dass ***Fernmeldeknoten*** vor dem eigenen Vorderen Rand der Verteidigung liegen; eine derartige Situation ist natürlich unbrauchbar und zu vermeiden.

Kabelanschlusspunkte (KAP) sollen unweit des Gefechtsstandes liegen. Dies ist Voraussetzung für die rasche Aktivierung des Fernsprechnetzes. Es ist daher auch zwingend notwendig, dass der S6 auf die Auswahl der KAP Einfluss nimmt und dies nicht zivilen Schalttrupps überlässt. Der am nächsten liegende KAP muss nicht der zweckmäßigste sein. Der KAP muss voll getarnt werden, ansonsten wird er für den Feind der Wegweiser „zum Gefechtsstand!".

Abb. 6.3:

Falsch:
Bei diesem KAP wurde auf die Tarnung vergessen. Was kann erwartet werden? Der Feind wird

- **sich anschließen und den Fernsprechverkehr abhören,**
- **den verlegten Kabeln bis zum nächsten GefStd folgen und diesen ausschalten sowie**
- **den KAP zerstören, den unbewaffneten FM-Soldaten gefangen nehmen und zum Verhör bringen.**

Eine Vielzahl von Möglichkeiten, deren Ursache auf Nachlässigkeit zurückzuführen ist.

6.2.2 Feldkabel (FK) und Feldfernkabel (FFK)

Sie sind, wenn sie ungeschickt verlegt sind, solche Wegweiser. Das Verlegen hat daher mit Umsicht zu geschehen.

Dem geschützten ***Tiefbau*** (eingegrabene Kabel) ist im Nahbereich von Gefechtsständen der Vorzug zu geben. Die Kabel haben in den Straßengraben oder überhaupt abseits von Wegen und Straßen verlegt zu werden, was natürlich für die Bautrupps unbequem ist.

Beim FFK sind die **Kabeltrommeln** zu tarnen; reicht dies nicht aus, müssen sie abgehängt und versorgt werden.

Abb. 6.4:
Falsch:
Bei diesem FFK, verlegt an einer stark frequentierten Bundesstraße, wurde auf die Tarnung vergessen. Der bequeme Bautrupp hat es ganz einfach neben der Straße abgelegt. Der Feind wird das FFK zerstören usw. (siehe KAP).

Das getarnte Verlegen von Kabeln bedeutet beispielsweise das Anpassen an Ackerfurchen und den Verzicht auf Hochbau beim Queren von Straßen. Dieser Hochbau wird in der Regel Ursache für Unterbrechungen der Leitung sein. Weniger auffällig sind solche Hochbauten in Alleen oder in Walddurchfahrten.

Es ist Angelegenheit des FMO, die richtige Kabeltrasse zu erkunden und zu befehlen. Dabei sind Umwege in Kauf zu nehmen und Straßendurchlässe oder Wasserrinnen auszunützen.

Im ***Wald*** hingegen kann es zweckmäßig sein, im Hochbau zu verlegen. Ein derart verlegtes Kabel ist schwierig zu verfolgen, besonders dann, wenn mehrmals die Richtung des Verlegens

Abb. 6.5: Falsch:
Alles wurde getarnt, nur die Feldkabel nicht. Aufgrund der nachlässigen Kabelverlegung war der Gefechtsstand zu finden. Außerdem wurde auf das Kennzeichnen der lichten Höhe vergessen, was im öffentlichen Straßenverkehr unangenehme Folgen haben kann.

geändert wird. Einschränkend ist zu bemerken, dass im Hochbau verlegte Kabel bei Beschuss des Waldes besonders gefährdet sind.

In der ***Umgebung von Stützpunkten*** sowie im ***Nahbereich von*** Gefechtsständen, also überall, wo das Feindfeuer konzentriert wird, müssen Kabel eingegraben werden. Damit sind sie vor Splitterwirkung geschützt und können von feindlichen Spähtrupps oder Saboteuren nicht erkannt werden. Auch eigene unachtsame Soldaten können nicht mehr darüber stolpern und die Kabel abreißen.

Das Planen der Kabelführung ist eine wichtige Aufgabe des Fernmeldeoffiziers und Voraussetzung für das Funktionieren der Drahtverbindungen im Einsatz.

6.2.3 Richtverbindungen (RV)

Ohne RV wird der Ausbau eines Fernsprechnetzes zu einer langwierigen, unnötig Material verbrauchenden Angelegenheit. Gewässer, Berge, auch Ortschaften werden zu schwer überwindbaren Hindernissen, nicht allein während des Verlegens, sondern vor allem bei der Störungssuche. Ohne RV steigt die Gefahr, sowohl durch Beschuss als auch durch Sabotage Ausfälle zu erleiden.

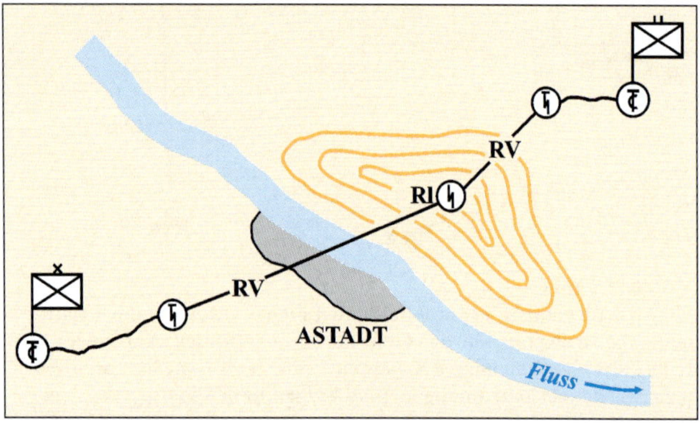

Abb. 6.6: Verbindung von der Vermittlung des BrigGefStd zu einem fernmeldemäßig ungünstig gelegenen BGefStd: Nutzung einer Richtverbindungsstrecke (RV), die das verbaute Gebiet und den Fluss quert; Überwindung des Berges mittels Richtverbindungsrelaisstelle (RVR, RlStRV) zur Endstelle der Richtverbindung beim Bataillon.

Man denke an die Schwierigkeiten, die ein Fernsprechbautrupp zu überwinden hat beim

- Bauen über die Oberleitung von Straßenbahnen oder so genannten O-Bussen,
- Überwinden von Straßenkreuzungen mit Ampelanlagen und Straßenbeleuchtung,
- Queren einer Autobahn,
- Queren einer Eisenbahnstrecke mit Oberleitung bzw.
- Queren eines Gewässers ohne Brücken.

RV verkürzen die Zeit gegenüber dem Herstellen der Drahtverbindungen. So fällt auch das Leitungsentstören weg.

6.2.4 Vermittlung und Gefechtsstand

Bei jedem Gefechtsstand kommt es zu einer Konzentration von Feldkabeln und Feldfernkabeln. In nächster Nähe liegen dann auch noch die Feldkabel der fernbedienten Funkgeräte. Wenn ein Chaos bzw. ein „Kabelsalat" vermieden werden soll - und das ist unbedingt nötig -, muss der S6 hier ordnend eingreifen und darf Entscheidungen nicht den Fe-Bautrupps überlassen. Gefechtsstände sind manchmal an den herumhängenden Kabeln zu erkennen. Dies ist Beweis für Unachtsamkeit oder Leichtsinn.

Worauf ist also zu achten?

Die ***Kabelführung zum Abspannbock*** ist dem Gelände anzupassen und hat unauffällig zu sein. Der ***Abspannbock*** ist

Abb. 6.7: Falsch:
Zusammengeführt wurden hier 11 Feldkabel und 6 Feldfernkabel - hier muss ein Gefechtsstand liegen. Die Fahrzeuge, in den Durchfahrten abgestellt, wurden teilweise getarnt - auf das Tarnen der Kabel wurde allerdings überhaupt vergessen. Der Feind wird das durch seine Hinterfrontaufklärung erkennen und den GefStd vernichten. Vermutlich wurde auch auf einen Abspannbock verzichtet oder dieser falsch eingesetzt, ansonsten gäbe es nicht diesen Kabelsalat.

nötigenfalls, um ihn vor Beschuss zu schützen, einzugraben, auf jeden Fall aber zu tarnen. Man könnte auch sagen: Der Abspannbock steht in einer „Kampfdeckung mit Tarndeckel".

Abb. 6.8: Falsch:
Hier wurde die Funktion des Abspannbocks überhaupt nicht verstanden. Von diesem laufen die Kabel durch die Haustür in den Kompaniegefechtsstand. Sie können beschädigt werden. Weder dem Kompaniekommandanten noch seinem Fernmeldeunteroffizier ist hier etwas aufgefallen, höchstens die durch die offenstehende Tür eindringende Kälte. Der unbewaffnete Fernmeldesoldat passt genau zu dieser negativen Umgebung.

Abb. 6.9: Falsch:
Hier hat eine Brigadefernmeldekompanie die Endpeitschen der Feldfernkabel sehr ordentlich versorgt. Die Kabel wurden ungetarnt bis unmittelbar zum Abspannbock verlegt und von diesem weg zum Gefechtsstandobjekt wiederum offen und ungetarnt geführt.

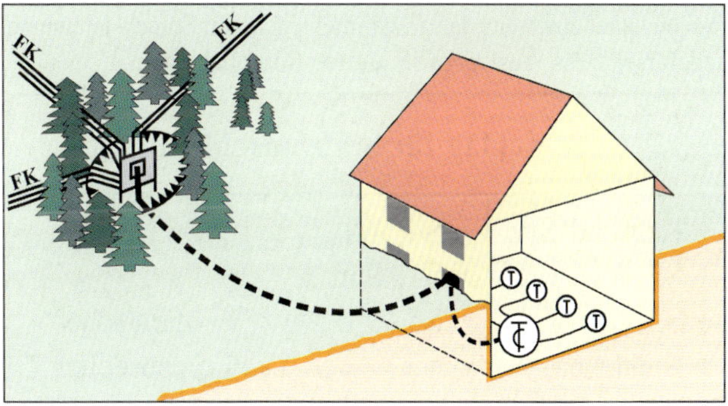

Abb. 6.10: Richtig:
Das Kabel zwischen Abspannbock und GefStd ist zu tarnen und zweckmäßigerweise einzugraben. An einer unauffälligen Stelle, am besten bei einem Kellerfenster, wird es dann in das GStd-Objekt eingeleitet.

Zu beachten ist auch die ***Kabelführung vom Blitzschutzkasten zur Vermittlung***. Es wird davon ausgegangen, dass bei stationärem Einsatz die Vermittlung am zweckmäßigsten in den Gefechtsstand eingebunden wird. Nicht eine Vielzahl von Kabeln ist in den Gefechtsstand einzuleiten, sondern ***ein einziges Mehrfachkabel*** wird verlegt. Feldkabel dürfen beim Schließen von Türen nicht abgezwickt und auch nicht zu Stolperdrähten werden.

6.2.5 Stabsanschlüsse

Der theoretische Bedarf der Fernsprechanschlüsse ist durch die Elemente des Gefechtsstandes vorgegeben. Der Kommandant und sein Stellvertreter benützen einen gemeinsamen Anschluss, und für jede wesentliche Funktion sollte auch einer vorgesehen sein. Diesem theoretischen Bedarf sind Grenzen gesetzt. Die Kapazität der Feldvermittlung wird für diese Vielzahl von Fernsprechanschlüssen nicht ausreichen, und außerdem würde das Geläute die Stabsarbeit stören. Es wird bei gedrängten Verhältnissen vorkommen, dass nicht mehr festgestellt werden kann, welcher Apparat geläutet hat. Ein sparsamer Umgang mit Anschlüssen ist angebracht. Das bedeutet einerseits das Zusammenlegen von Sprechstellen und andererseits das Auslagern in andere Räumlichkeiten.

Vorschlag für Stabsanschlüsse		
+ Kdt und Stv + S2 + S3 + Steilfeuer + PA + Pi, FlA etc.	+ S4, Wi + S1, San + S5	+ S6, MSaSt + Fax + öffentlicher Fernsprecher, HS-Landeplatz

Abb. 6.11: Stabsanschlüsse (das + bezeichnet einen Einzelanschluss).

Vorrang haben Kommandant, Führung und Kampfunterstützung. Bei der Kampfunterstützung wird der größere Bedarf bestehen: Artillerie, 2 Granatwerferzüge, 1 - 2 PAL-Züge, (Maschinenkanonenzug), Jagdpanzerzug, Pioniere, Flieger, ABC-Kräfte. Einsparungen sind bei der Einsatzunterstützung möglich. Abgestimmt auf die Einsatzart oder die jeweilige Gefechtsphase sind dann Anschlüsse vorzusehen.

Andere nutzen in der Regel den „öffentlichen Feldfernsprecher“. Der Fernsprechanschluss des Hubschrauberlandeplatzes ist vorzubereiten: Das Feldkabel wird vom Gefechtsstand bis zum Hubschrauberlandeplatz getarnt verlegt, der Feldfernsprecher aber nur bei Flugbetrieb angeschlossen. Ein Diebstahl des Gerätes wird so unterbunden. Das Gerät ist zweckmäßigerweise in der Führungsunterstützungszentrale in Verwahrung.

6.2.6. Sammelgespräche (Konferenzschaltung)

Vereinfachen die Befehlsgebung. Während des Gefechtes ist das Sammelgespräch deshalb wichtig, weil jeder Teilnehmer alle Lagemeldungen mithören kann. Der Kommandant hat die Möglichkeit, auf Lageinformation zu verzichten und sich auf das Geben von Befehlen zu beschränken. Voraussetzung für diese Art des Führens ist allerdings die reibungslose Zusammenarbeit der beteiligten Vermittlungen und der ständig besetzten Fernsprechendstellen.

6.2.7 Telekopiergerät (FAX)

Wird meistens über einen Einzelanschluss eines Festnetzes betrieben und nicht über die Feldvermittlung geführt. Ursache: Horcht der Vermittler in die bestehende Verbindung hinein, („Sprechen sie noch?“), wird die Zeichenübertragung unterbrochen und damit die Telekopie lückenhaft wiedergegeben.

Ein Führen der Telekopierverbindung über die Feldvermittlung ist nur dann zielführend, wenn Vermittlung und Meldesammelstelle auf das zu erwartende Fax aufmerksam gemacht werden und aufeinander eingespielt sind.

6.2.8 Durchschaltgerätesatz

Ermöglicht die Zusammenschaltung von Funksprechgeräten mit OB-Feldfernsprechern und Vermittlungen. Auch hier liegt die Qualität der Verbindung in der reibungslosen Zusammenarbeit zwischen Funker und Vermittlungspersonal. Näheres beim Thema Funkverbindungen.

6.3 Funkverbindungen

Solange die **Drahtverbindungen intakt** sind und ihren Zweck erfüllen, werden Funkverbindungen nicht benötigt, das bedeutet: ***„Funkstille“***.

6.3.1 Fernbedienung der Funkgeräte

Funkgeräte können während des Sendens angepeilt werden. Damit ist auch ihre Bekämpfung mit Artillerie und Luftwaffe möglich. Die Rentabilität der Bekämpfung ist wahrscheinlich ab der Führungsebene Bataillon zu erwarten. Ein vom jeweiligen Gefechtsstand abgesetzter Funkbetrieb ist somit Voraussetzung für das Überleben des Gefechtsstand und das damit verbundene Erhalten der Führungsfähigkeit. Die Funkgeräte müssen daher mit der Fernbedienung betrieben werden. (Siehe Abb. 6.13, nächste Seite).

Minimalabstand zum Gefechtsstand beträgt 500 m und findet seine Begründung in der feindlichen Waffenwirkung, also der Wirkungsbreite und der Streuung von Feuereinheiten und der Bewaffnung von Flugzeugen bzw. Kampfhubschraubern. Diese 500 m Abstand sollen verhindern, dass bei Bekämpfung der Funkstellen auch gleichzeitig der GefStd ausgeschaltet wird.

Maximalabstand zum Gefechtsstand beträgt bis zu 8 000 m, abhängig von FM-technischen Vorgaben der eingesetzten Geräte.

Maximalabstände	
Gerät	**Maximalabstände**
RV-Endstelle	4 000 m mit FK zur Verm. oder 8 000 m mit FFK zur Verm.
UKW-Gerät	6 000 m zur Fernbedienung
KW-Gerät	4 000 m zur Fernbedienung
KW-FuFS-Gerät	8 000 m zum Empfangsbediengerät
Durchschaltgerät	15 000 m zwischen 2 Endstellen

Abb. 6.12: Maximalabstände im Funkbetrieb.

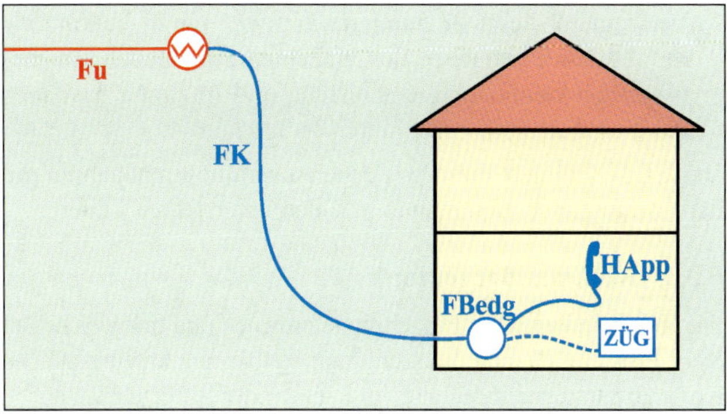

Abb. 6.13:

Blau = Drahtverbindungen, Rot = Funkverbindungen.
Fernbedienung: Vom Funkgerät wird das Feldkabel in den GefStd verlegt. Es endet an der Fernbedienung (FBedg). Diese ermöglicht das Anschließen eines Handapparates (HApp) oder eines Zeichenübertragungsgerätes (ZÜG).

6.3.2 Stellungswechsel der Funktrupps

Wenn also die Waffenwirkung feindlicher Flugzeuge oder der Artillerie in Nähe der Funkstellen liegt, ist anzunehmen, dass diese erkannt wurden. Spätestens jetzt ist ein Stellungswechsel vorzunehmen. Bei Erkundung der Fernmeldenetze sind daher die Wechselstellungen der Funktrupps und der Weg zu diesen festzulegen. Zweckmäßig kann es sein, diese Wechselstellungen mit Behelfsantennen vorzubereiten. Wie bei jedem Stellungswechsel ist ein Vorüben nötig.

6.3.3 Funkausbildung während der Funkstille

Das Vorüben des Einsatzes ist für die Funker besonders wichtig. Die feindliche Funküberwachung macht derartiges Üben im Einsatzraum aber unmöglich. Die mögliche Ausweichlösung besteht im

- ***Ausweichen*** in einen Raum außerhalb der eingesetzten Truppe und ihrer Versorgungseinrichtungen und
- Verkleinern dieser ***„Übungsfunksterne“*** durch Verkürzung der Abstände zwischen den einzelnen Funkstellen, um mit möglichst wenig Ausgangsleistung und Aufwand das Üben des Funkbetriebes durchführen zu können.

Der S6 koordiniert diese wichtige Ausbildungsmaßnahme mit dem vorgesetzten Kommando und den unterstellten Teilen.

6.3.4 Kommandantenfunk

Die Kommandanten der Panzertruppe bedienen ihr Funkgerät selbst. Kein Problem, da sich das Gerät unmittelbar am Arbeitsplatz des Kommandanten befindet, also im Panzer oder Schützenpanzer.

Anders ist die Situation bei den Kommandanten der Waffengattung Jäger. Diese kämpfen in der Regel abgesessen und werden ab der Führungsebene Teileinheit (Zug) von einem Funker begleitet. Wie soll nun der Kommandant sein Verbindungsmittel handhaben?

- Das ***Handfunksprechgerät*** trägt und bedient der jeweilige Kdt selbst.
- Das ***Tornisterfunksprechgerät*** erfordert einen Funker. Bei dieser Geräteausstattung handelt es sich daher um die Führungsebene Zug oder höher. Der Kommandant hat bereits

mehrere Elemente zu führen und daher Wichtigeres zu tun, als ein Funkgerät zu bedienen oder zu betreiben. Wesentlich ist die zweckorientierte Arbeitsteilung zwischen Funker und Kommandant:

Zweckorientierte Arbeitsteilung	
Funker	**Kommandant**
- Trägt das Funkgerät - Verantwortlich für die Benutzermaterialerhaltung - Wechselt rechtzeitig die Frequenz - Wechselt rechtzeitig die Batterien - Wählt die richtige Antenne - Unterstützt den Kdt beim Tarnen eines Spruches	- Führt seine Truppe - Bedient sich seines Funkgerätes, wann immer nötig - Arbeitet immer dann persönlich am Gerät, wenn der - persönliche Kontakt nötig ist - Zeitdruck besteht

Abb. 6.14: Arbeitsteilung.

6.3.5 Durchschaltgerätesatz (DSG)

Ein wichtiges Hilfsmittel für den Übergang von Funk auf Fernsprechbetrieb und umgekehrt. Das Gerät ermöglicht die Zusammenschaltung von Funksprechgeräten mit OB-Feldfernsprechern und Feldvermittlungen. Die größte Entfernung zwischen den Endstellen beträgt 15 000 m, die Vermittlung(en) ist (sind) dazwischen.

Es handelt sich somit um eine Möglichkeit, welche besonders bei größeren Entfernungen und Geländeschwierigkeiten einen wichtigen Beitrag zum Führen darstellt. Mit diesem ***„Mobiltelefon"*** können Einschränkungen der Funkverbindung zumindest teilweise beseitigt werden. Das Vermittlungspersonal bedarf dabei besonderer Schulung.

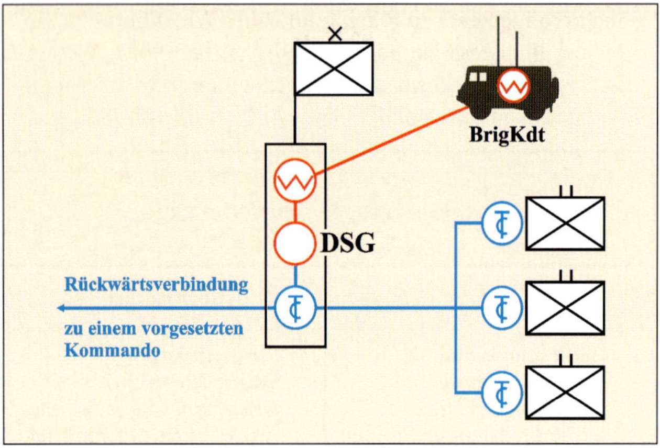

Abb. 6.15:

Blau = Drahtverbindungen, Rot = Funkverbindungen, Durchschaltgerät (DSG).

Lage: Der Brigadekommandant ist unterwegs, ein Bataillonskommandant will ihn sprechen, erhält aber keine Funkverbindung aufgrund der Geländebeschaffenheit.

Lösung: Der Vermittlungstrupp stellt die Verbindung mit dem DSG her.

Verbindung: Der Bataillonskommandant hat Fernsprechverbindung über seine Bataillonsvermittlung zur Brigadevermittlung. Dort wird mittels DSG die Funkverbindung zum Brigadekommandanten hergestellt. Genauso wäre eine Verbindung zu anderen Teilnehmern möglich.

Kommandanten, deren Vermittlungen über ein DSG verfügen, sind somit auch in der Lage, über Funk Fernsprechteilnehmer zu erreichen.

6.3.6 Homingverfahren

Bei Einsatz von Hubschraubern im Bereich des Gefechtsstandes ist deren Einweisung vorzubereiten. Mit dem Tornistersprechfunkgerät wird das Homingverfahren zur Einweisung des Hubschraubers angewandt. (Vom eigenen Standpunkt aus wird ein Dauersignal gesendet, der Flugzeugführer ermittelt damit die Richtung zum Ziel und kann es somit anfliegen.)

6.4 Fernmeldeverbindungen im Angriff und in der Verteidigung

Die folgenden Skizzen sind als Anhalt anzusehen. Eine bindende Einsatzplanung der Fernmeldemittel ist nicht möglich, da deren Einsatz von unterschiedlichen Faktoren abhängig ist. Diese können sein:

- Truppeneinteilung;
- Verstärkung durch Unterstellung oder Anweisung auf Zusammenarbeit;
- geplante Kampfführung;
- Gefechtsbreiten;
- Gelände;
- im Angriff vor allem die Entfernung zum Angriffsziel;
- fernmeldetaktische Auflagen wie Funkstille oder gar Funkabschaltung.

Also einfach ausgedrückt, abhängig von der Lage. Auf spezielle Geräteausstattungen wird hier nicht eingegangen.

Funkabschaltung ist eine funktaktische Maßnahme für den Funkverkehr, mit welcher die Abschaltung der Funkgeräte einschließlich dem Verbot des Einschaltens der Sender und Empfänger festgelegt wird.

Funkbereitschaft ist eine funktaktische Maßnahme für den Funkverkehr, mit welcher der Zeitpunkt festgelegt wird, ab dem die betroffenen Funkstellen zur Aufnahme des Funkverkehrs fähig sein müssen.

Funkfrei ist eine funktaktische Maßnahme für den Funkverkehr, mit welcher die Freigabe des Funkverkehrs innerhalb bestimmter Verkehrsbeziehungen festgelegt wird.

Funkstille ist eine funktaktische Maßnahme für den Funkverkehr, mit welcher ein generelles Sendeverbot bei eingeschalteten und empfangsbereiten Funkgeräten festgelegt wird; sie kann für die Dauer einer Alarmmeldung oder eines wichtigen Einzelbefehles unterbrochen werden.

(Alle Definitionen: MilLex.)

Die funktaktischen Einschränkungen beeinflussen die Führungsmaßnahmen des Bataillonskommandanten und aller nachgeordneten Teile. Entscheidungen im Fernmeldebereich zu treffen, ist daher nicht allein Angelegenheit des S6, sondern in erster Linie Angelegenheit des Kommandanten auf Vorschlag des S6.

6.4.1 FM-Verbindungen im Angriff nach Bereitstellung

Siehe auch Kapitel Angriff. Sowohl Draht- als auch Funkverbindungen kommen zum Einsatz.

Lage:

Das JgB wurde mit einem JaPz-Zug verstärkt, erwartet Luftunterstützung und ist aZa mit dem der Brigade unterstellten PzAB. Die Verbindung zur Artillerie kann sich wie folgt ergeben:

- Am ***Gefechtsstand des Jägerbataillons*** nimmt ein dorthin abgestellter Batteriekommandant die artilleristischen Aufträge wahr.
- Bei den ***angreifenden Jägerkompanien*** befinden sich Beobachtungstrupps der PzHBt und natürlich auch solche der Granatwerfer.

Der Kdt/sKp befindet sich mit seinen Fernmeldeteilen beim BKdt. Er wird die Granatwerfer führen. Diese werden zugsweise zum Einsatz gebracht. Sein Stellvertreter übernimmt die Führung der schweren Flachfeuerwaffen.

Enger persönlicher Kontakt zwischen BKdt, Kdt/sKp, Kdt/PzHBt und FAC ist Voraussetzung für das Zusammenwirken der

Kräfte, also Zusammenarbeit zwischen den angreifenden Jägerkompanien und ihrer Unterstützung auf allen Führungsebenen.

6.4.1.1 FM-Verbindungen im Verfügungsraum des angreifenden Verbandes

Der Umfang des Gefechtsstandes wird in dieser Lage durch unterschiedliche Voraussetzungen bestimmt:

- War das JgB in diesem Gefechtsstreifen vorher zur Verteidigung eingesetzt, kann die Struktur des Gefechtsstandes übernommen werden.
- Hat das JgB hingegen in diesen Raum verlegt, um anzugreifen, wird ein Gefechtsstand nur vorübergehend eingerichtet werden. Beweglich wird zu führen sein, daher handelt es sich dann um eine erweiterte Fernmeldezentrale und eine bewegliche Befehlsstelle.
- In der Bereitstellung ist der dargestellte Umfang der FM-Verbindungen nur dann anzustreben, wenn die Bereitstellung weit abseits vom Feind in einem Verfügungsraum vorgenommen wird.
- Bei einem Bereitstellungsraum nahe dem Feind, in dem es nur noch um die Durchführung letzter vorbereitender Maßnahmen geht, sind die Drahtverbindungen stark vermindert.

Der Gefechtsstand der sKp wurde in den Hauptgefechtsstand eingebunden. Das ist nicht als Regel anzusehen, sondern sehr oft zweckmäßig, vor allem dann, wenn die Feuerwirkung der s-Waffen ohne Verzögerung benötigt wird.

Der Einfluss der Geheimhaltung durch funktaktische Maßnahmen ist wesentlich. Das Schwergewicht der FM-Verbindungen wird somit vorerst im Fernsprechbereich liegen müssen. Mit Angriffsbeginn, das kann das Verlassen des Verfügungsraumes oder das Überschreiten der Ablauflinie sein, wird funkfrei befohlen werden. (siehe Abb. 6.16, nächste Seite).

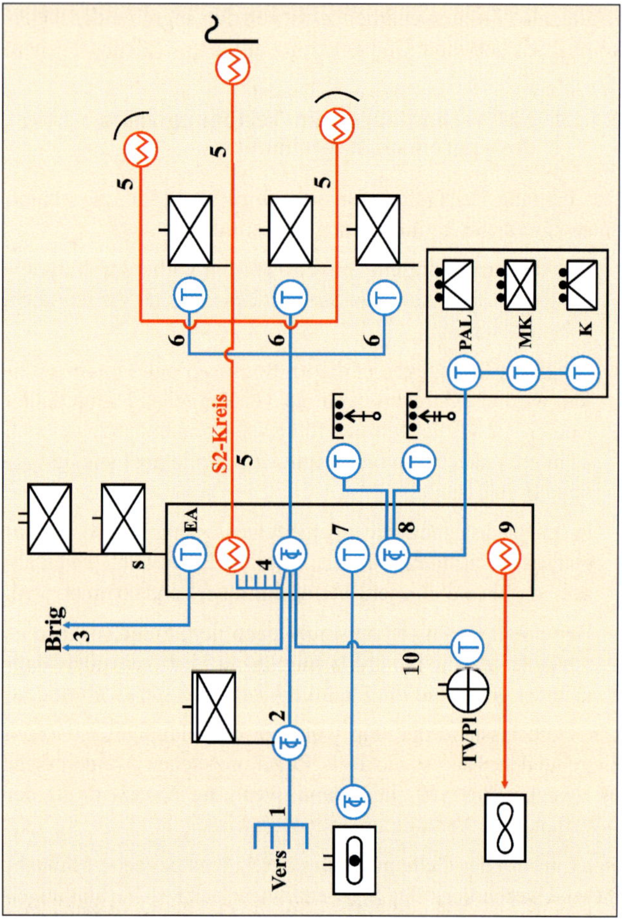

Abb. 6.16:

Blau = Drahtverbindungen, Rot = Funkverbindungen.

Angriff nach Bereitstellung: Verbindungen im VerfR/BStR.

1 Verbindung des GefStd/StbKp zu den Versorgungsteilen des JgB.

Ein Teil derselben wird beweglich sein müssen, um den Verband im Angriff folgen zu können.

2 Verbindung vor allem des S4 und WiO über VermStbKp zu VersTl.

3 Verbindungen zum Brigadekommando.

4 Vermittlung am BGefStd ist das wichtigste Verbindungselement. Stabsanschlüsse, Verbindung zu den angreifenden Kompanien und zur StbKp mit den Versorgungsteilen des Bataillons. Befohlene Funkstille.

5 Aufklärungskreis/S2-Kreis (Funk) zur Gefechtsaufklärung und zu den Sicherungen der Bereitstellung, sofern diese nicht von den vorne liegenden Kp übernommen wurde. Aufnahme des Funkverkehrs im Aufklärungskreis nur bei Lageänderung.

6 Verbindung zu den 3 in Bereitstellung liegenden Jägerkompanien. Die wichtigste Verbindung des BKdt.

7 Kdt/PzHBt mit direkter Verbindung zu seinem AB. Sollte diese Verbindung nicht realisierbar sein, sind Ausweichlösungen möglich: entweder über die VermJgB zum BrigKdo und dann zum PzAB, oder über die VermJgB zur VermStbKp, von dort über Fe zum PzAB. Ein Durchschalten der Artillerieverbindung ist dabei Voraussetzung für rasches Reagieren.

8 Kdt/sKp:

= Verbindung zu den Feuerstellungen der beiden Granatwerferzüge. Wesentlich ist die Abstimmung des Feuers mit der Artillerie und den vorgehenden Jägerkompanien.

= Verbindung zu den schweren Flachfeuerwaffen, die ihre Feuerstellungen noch nicht bezogen haben. Da es sich nur um eine vorübergehende Verbindung handelt, wurde die einfache Lösung gewählt. Die 3 s-Waffenzüge sind auf eine Leitung geschaltet. Für die Feuerleitung dieser Waffenzüge wurde in diesem Fall der stvKdt/sKp eingeteilt.

9 Fliegerleitoffizier (FAC = Forward Air Controller) mit Verbindung zu den aZa Fliegerkräften (nicht näher bezeichnet).

10 Verbindung zum Truppenverbandplatz. Dieser erhält direkt vom Gefechtsstand seine Befehle, ohne Umweg über die Stabskompanie.

Abb. 6.17: (nächste Seite)

Blau = Drahtverbindungen, Rot = Funkverbindungen.

Angriff nach BSt: Phase der Annäherung.

bwglBefSt aus dem ehemaligen HGefStd, unter Zurücklassung von FM-Teilen, herausgelöst. Die Führungsteile der sKp sind eingebunden, der ehemalige HGefStd umfasst noch einzelne Stabs- und einige Fernmeldeteile. Er stellt die Fe-Verbindung zur Brigade her.

1 Verbindung vom GefStd zum BrigGefStd.

2 Die Drahtverbindung vom GefStd zur StbKp besteht wie bisher und damit eine Verbindung zu den Versorgungsteilen.

3 Der FM-Zug baut die Drahtverbindung zur bwglBefSt nach. Diese

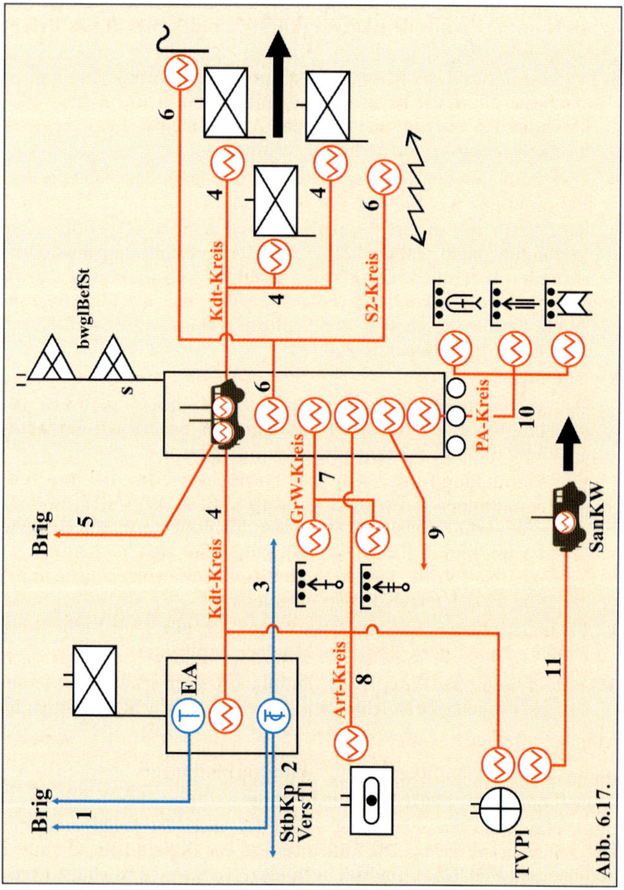

Abb. 6.17.

Verbindung wird während der Angriffsphase vermutlich erst spät wirksam werden. Wesentlich ist sie allerdings für die Zeit nach dem Einnehmen des Angriffszieles und für das Zusammenwirken der Kräfte, besonders in der Phase des Stellungswechsels der s-Waffen oder einen zu erwartenden Gegenangriff.

4 **Kdt-Kreis: Der BKdt führt vom Fahrzeug und wird von S3 und OrdO unterstützt. Seine wichtigste Verbindung ist wieder jene zu den 3 Jägerkompanien.**

5 **Der Kdt muss eine Funkverbindung zum BrigGefStd haben. Steht diese nicht, bleibt eine Behelfslösung: die Funkverbindung zum ehemaligen GefStd und von dort über die Fernsprechverbindung zur Brigade. Ein DSG könnte das Problem lösen.**

6 **Aufklärungskreis/S2-Kreis hat schon während der Bereitstellung bestanden und umfasst die am Feind befindliche Gefechtsaufklärung und die Sicherung der (in diesem Fall) rechten Flanke.**

7 **GrW-Kreis geführt vom Kdt sKp.**

8 **Art-Kreis geführt vom Kdt PzHbBt.**

9 **Verbindung zu den aZa-Fliegerkräften (außer der FAC ist bei den vordersten Teilen eingesetzt).**

10 **Panzerabwehr-Kreis geführt vom stvKdt sKp.**

11 **Truppenverbandplatz, da auch in den Kdt-Kreis integriert, ist auch damit in der Lage, seine Transportmittel ohne Verzögerung zum Einsatz zu bringen.**

6.4.1.2 FM-Verbindungen während der Annäherung

Es wäre natürlich vorteilhaft, die Verbindungen des Gefechtsstandes auch nach Angriffsbeginn weiter zu nutzen. Das wird nur kurze Zeit möglich sein. Der Bataillonskommandant wird sich vom Fortgang des Angriffs ein Bild machen müssen. Dieses wird Voraussetzung für das Zusammenwirken der Kräfte sein. Sein Stellungswechsel nach vorne als bewegliche Befehlsstelle wird nötig werden.

Die Verbindungen werden sich während der Annäherung auf den Funkbereich verlagern. Die Fernsprechverbindungen bleiben vor allem im Versorgungsbereich wesentlich. Es geht also darum, nahtlos von Draht auf Funk zu wechseln. Notwendig kann es sein, dies vorzuüben.

6.4.2 FM-Verbindungen in der Verteidigung

Siehe auch Kap. 3 „Versorgungsdurchführung“, Seite 74 ff., und Band 43C, Kap. 15 „Verteidigung“; sowohl Draht- als auch Funkverbindungen kommen zum Einsatz.

Lage:

Das JgB wurde mit einem JaPz-Zug verstärkt und ist mit dem der Brigade unterstellten PzAB auf Zusammenarbeit angewiesen. Die Verbindung zur Artillerie erfolgt sinngemäß wie beim Angriff.

- Am Gefechtsstand des Jägerbataillons befinden sich der Kommandant der sKp und der Kommandant der PzHbBt.
- Bei den Jägerkompanien befinden sich Beobachtungstrupps der PzHbBt und der Granatwerfer.

Der Kommandant der sKp wird die Steilfeuerwaffen führen. Die Granatwerfer werden zugsweise zum Einsatz gebracht. Die schweren Flachfeuerwaffen, der JaPz-Zug ausgenommen, sind den Jägerkompanien unterstellt.

Auch wenn es den Anschein erweckt, kann die Einbindung des Kdo/sKp in den Gefechtsstand des Jägerbataillons nicht als Regel angesehen werden. Es gäbe auch andere Lösungen. Beispiel: Die sKp, ohne Granatwerfer, verstärkt mit Jägern, wird im Panzerabwehrschwergewicht des Jägerbataillons eingesetzt. Die Führung der Granatwerfer liegt in der Verantwortung des Kommandos des Jägerbataillons.

Enger persönlicher Kontakt zwischen den Kommandanten des Bataillons, der sKp und der PzHbBt ist Voraussetzung für das Zusammenwirken der Kräfte, also Unterstützung der Jägerkompanien auf allen Führungsebenen.

Die Drahtverbindungen sind den Möglichkeiten entsprechend mit Funk zu überlagern. Zwingend nötig ist das vorwärts des Gefechtsstandes des Jägerbataillons. Das Eingraben der Feldkabel wird in Erinnerung gebracht!

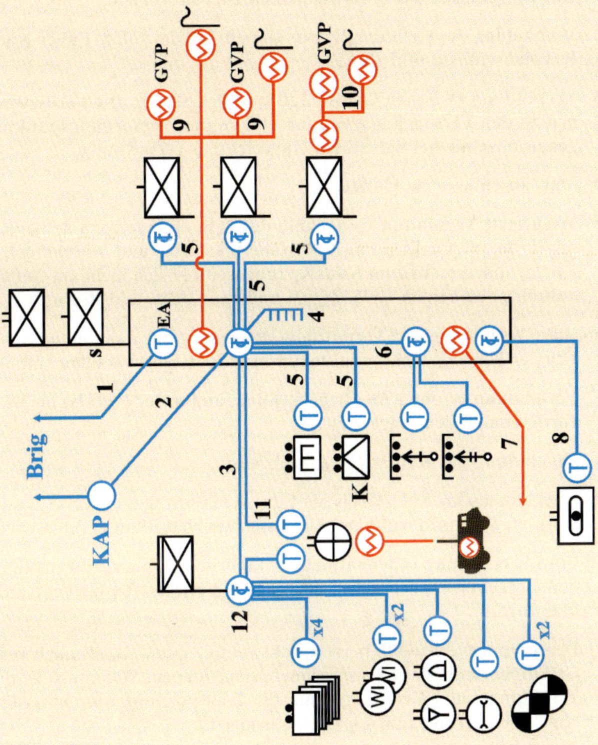

Abb. 6.18.

Abb. 6.18: (vorige Seite)

Blau = Drahtverbindungen, Rot = Funkverbindungen.

Verteidigung:

1 Ein Einzelanschluss (EA) zusätzlich ist von Vorteil.

2 Verbindung des GefStd/JgB zum GefStd/JgBrig, geführt über einen Kabelanschlusspunkt (KAP).

3 Verbindung zwischen GefStd/JgB und der StbKp. Die Verbindungen zu den Versorgungsgruppen und zu den Versorgungspunkten gehen über die bei der StbKp eingerichtete Vermittlung.

4 Stabsanschlüsse am GefStd/JgB.

5 Wichtigste Verbindung innerhalb des JgB, einerseits zu den JgKp mit ihren unterstellten Panzerabwehrlenkwaffen und Maschinenkanonen, andererseits zum Kdt/sKp (nur wenn er sich nicht am GefStd aufhält), den beiden GrW-Zügen und zum JaPz- und Pi-Zug.

6 Diese Verbindung zur Vermittlung der sKp ist nur dann nötig, wenn sich der Kdt/sKp nicht unmittelbar beim Kdt/Jägerbataillon aufhält.

7 Verbindung zu den aZa-Fliegerkräften, außer der FAC ist bei den vordersten Teilen eingesetzt.

8 Verbindung des Kdt/PzHBt zum PzAB.

9 Aufklärungskreis/S2-Kreis als Funkverbindung zu den GVP und der Gefechtsaufklärung, welche vom Jägerbataillon geführt wird.

10 Funkverbindung innerhalb einer Jägerkompanie zu ihrem eigenen Gefechtsvorposten und der von ihr angesetzten Gefechtsaufklärung.

11 Der Truppenverbandplatz ist sowohl vom GefStd/JgB, als auch vom GefStd/StbKp in das Fernsprechnetz eingebunden. Wesentlich ist die Verbindung zum GefStd/JgB, um die Transportmittel im Anlassfall ohne Verzögerung zum Einsatz zu bringen.

12 Die Stabskompanie stellt die Verbindung zu den Versorgungsgruppen der Kompanien her. Feldküche und Kfz-Abstellraum sind, um Konzentrationen zu vermeiden, geteilt. Die Kampfkompanien sollen mit dem Herstellen der Verbindung zur eigenen Versorgungsgruppe nicht belastet werden. Sie haben dafür weder die erforderliche Zeit, noch ausreichend Material.

6.5 Verbindung durch Kradmelder

In der Zeit der Satellitenverbindungen und der Mobiltelefone mag es antiquiert scheinen, an den Einsatz von Kradmeldern zu denken. Es stellt sich daher die Frage, wann man den Kradmelder braucht oder ob man ihn überhaupt braucht? Auch stellt sich immer wieder die Frage nach der Art des Fahrzeuges? Geländegängiges Moped oder Krad?

6.5.1 Kradmeldereinsatz

Am Marsch: Zur Verkehrsregelung, aber auch zum Halten der Verbindung, wenn Funkstille befohlen ist, oder infolge von Geländeschwierigkeiten, welche die Funkverbindung unmöglich machen.

Beim Vorbereiten des Einsatzes sind die Drahtverbindungen noch unvollständig, und gleichzeitig wird Funkstille befohlen worden sein, es bestehen also Verbindungsprobleme. Die Alternative wird daher der Melder, speziell der Kradmelder, sein. Er überbringt Nachrichten, die sonst mittels Fax transportiert werden; aber auch Einsatzpläne und ähnliches, welches infolge

Abb. 6.19: Das geländegängige Moped ist auch von weniger Geübten auf schlechten Wegen und im leichten Gelände zu beherrschen. Abseits der Straße, gefahren von einem durchschnittlichen Motorradfahrer, ist es etwas langsamer als das geländegängige Krad. Zur Marschbegleitung und Verkehrsregelung ist das geländegängige Moped aber sicher ungeeignet.

des Formates und der Ungenauigkeit der Faxgeräte mit denselben sowieso nicht übermittelt werden könnte.

Während des Gefechtes, solange keine FM-Probleme existieren, wird für Kradmelder relativ wenig zu tun sein. Fallen die FM-Verbindungen aber aus, bedeutet das Vollbeschäftigung.

Einsatz von Partisanen und Sabotage haben die Unterbrechung der Fernsprech- und der Faxverbindungen als Folge. Umfangreichere Nachrichten sind für die Übermittlung durch Funk nicht geeignet, daher wird bei einer solchen Lageentwicklung der intensive Einsatz von Kradmeldern nötig werden.

6.5.2 Vorbereitung des Kradmeldereinsatzes

Der Kradmelder muss viele Eigenschaften aufweisen: Er muss ein guter Motorradfahrer und versierter Orientierer sein - muss er doch sowohl auf der befestigten Straße als auch im Gelände seinen Auftrag rasch und zuverlässig erfüllen -, er soll eine gute Merkfähigkeit mitbringen und muss jederzeit selbstständig und vor allem im Sinne seines vorgesetzten Kommandanten entscheiden und handeln können. (Siehe Abb. 6.20, nächste Seite). Über ***partisanengefährdete Räume***, wie Ortsdurchfahrten, Wälder, also unübersichtliches Gelände, muss er informiert werden. Er hat diese zu meiden und daher zu umfahren. Er muss besonders aufmerksam sein, um Fallen, wie über die Straße gespannte Drähte, rechtzeitig wahrzunehmen.

6.6 Verbindung durch Kurier

Kuriere kommen dann zum Einsatz, wenn besonders ***wichtige Nachrichten*** zu überbringen sind oder Kradmelder infolge einer ***unsicheren Lage*** nicht mehr zum Einsatz kommen dürfen. Als Kurier wird meistens der Ordonnanzoffizier eingesetzt werden, genau so gut kann es aber einer der verlässlichen Unteroffiziere des Stabes sein.

Kradmeldereinsatz	
Voraussetzung für die Eignung als Kradmelder	**Konkrete Einsatzvorbereitungen, Kenntnis von**
- geübter Motorradfahrer, auch auf schlechten Wegen und im Gelände - sehr gutes Orientierungsvermögen - Beherrschen von Landkarte und Bussole - geübt im Erstellen einer Wegeskizze - selbstständige Handlungsfähigkeit - Merken von mündlichen Nachrichten	- der Lage aller Gefechtsstände - der Lage aller Feuerstellungen der Unterstützungswaffen - der Lage der Versorgungspunkte - allen wichtigen Hauptverbindungslinien - allen relevanten Umfahrungsmöglichkeiten und Nebenwegen

Abb. 6.20: Der Kradmeldereinsatz.

Im Fall einer unsicheren Lage wird dem Kurier eine ***Bedeckung*** mitgegeben. Besonders geeignet dafür ist ein Mannschaftstransportpanzer. Steht ein solcher nicht zur Verfügung, ist mit einem anderen Fahrzeug und ausreichenden Sicherungskräften das Auslangen zu finden.

Dem Kurier kann natürlich, wenn besonders dringend und sinnvoll, auch ein **Verbindungshubschrauber** als Transportmittel zur Verfügung gestellt werden.

6.7 Verbindung durch Hubschrauber

6.7.1 Zweck des Verbindungshubschraubers (VHS)

Erkundung: Um Zeit bei der Erkundung zu sparen, werden vor allem der BrigKdt, der ChdStb und die Bataillonskommandanten vom VHS Gebrauch machen (müssen). Ein Erkundungsflug ersetzt keine Bodenerkundung, ist dafür aber eine gute Vorbereitung.

Überwachung und Aufklärung: Bei überdehnten Gefechtsstreifen ist der Verbindungshubschrauber eine echte Hilfe.

6.7.2 Vorbereiten einer Erkundung mit Hubschrauber

Da es sich nicht um einen Sightseeingflug handeln darf, muss entsprechend vorbereitet werden. Jede Flugstunde ist eine teure Angelegenheit. Um Zeit und damit Geld zu sparen, ist eine genaue Planung, nicht allein für den Piloten, sondern auch für die erkundenden Offiziere eine wesentliche Voraussetzung.

Flugplanung: Meistens sind 2 Flugrunden nötig. Das Studium der Landkarte ist Voraussetzung dafür.

1. Flugrunde, um sich einen groben Überblick über Geländeform und Bodenbedeckung zu machen. Die Flugstrecke ist dem Piloten zu befehlen, das Orientieren ist dann seine Angelegenheit. Damit bleibt dem Kommandanten Zeit für die Beurteilung des Geländes, er wird von seiner Arbeit nicht abgelenkt werden. War die vorbereitende Beurteilung des Geländes an Hand der Landkarte richtig? Was muss noch alles überprüft werden?

2. Flugrunde, um Details festzustellen, wie veränderte Waldränder, Straßenführungen, Veränderungen im Bewuchs, Zersiedelung, neue Forststraßen, Umgehungsmöglichkeiten von vorgesehenen Sperrstellen, neue Hochspannungsleitungen, welche den Lenkwaffeneinsatz behindern, usw.

Hubschrauberlandeplatz: Fernsprechverbindung vom Gefechtsstand zum Hubschrauberlandeplatz. Sicherung dieses Platzes, sowohl gegen den Feind als auch vor Neugierigen.

Einweisen des Hubschraubers: Homingverfahren, Rauchzeichen, Einweiser. Bei Nachteinsatz blinkende Kfz-Scheinwerfer, sofern dies aus Tarnungsgründen zulässig ist.

Sicherheit: Personal, das unmittelbar mit den Hubschraubern zu tun hat, ist vorher über Sicherheitsbestimmungen zu belehren (Annäherung an das Luftfahrzeug, Auf- und Absitzen, Verhalten an Bord, Rauchverbot etc.).

7. Dienstplanerstellung

7.1 Grundsätze

In der Ausbildung ist der Dienstplan der wichtigste Befehl des Einheitskommandanten.

An der Qualität des Dienstplanes erkennt man die Qualität des Einheitskommandanten.

Vorgesetzte müssen alles daransetzen, Dienstplanänderungen zu vermeiden, um der Einheit die Grundlage eines geordneten Dienstbetriebes zu gewährleisten.

Es ist Pflicht aller vorgesetzten Kommanden, Termine, welche die Dienstplanung beeinflussen, so rechtzeitig bekannt zu geben, dass diese ordnungsgemäß in den Dienstplan aufgenommen werden können.

Dienstplanänderungen sind die Folge schlechter Planung. Das Nichteinhalten des Dienstplanes wäre dem Nichtbefolgen eines Befehles gleichzusetzen.

Dienstplanänderungen verleiten Untergebene dazu, den Dienstplan nicht ernst zu nehmen.

7.2 Terminplanung

Der genaue Terminkalender der Einheit ist die Grundlage für einen guten Dienstplan.

Jeder Soldat hat ein Recht auf geregelte Freizeit. Nachtausbildung soll daher immer am gleichen Wochentag stattfinden. Es obliegt daher dem Truppenkommandanten, für die Einheiten eine Einteilung zu treffen, welche Übungsgelände, Ausbildungshilfsmittel und Transportraum berücksichtigt.

Um Ungerechtigkeiten zu vermeiden, ist es zweckmäßig, den Nachtausbildungsrhythmus monatlich zu ändern.

Sinngemäß gelten obige Regeln auch für Übungen. Diese sind also rechtzeitig anzukündigen, damit das Personal seine Freizeit planen kann. Selbstverständlich gilt dies nicht für Alarmübungen.

7.3 Bearbeitungsanleitung

Der Dienstplan sagt dem Kaderpersonal und den Rekruten, was in den kommenden Tagen zu tun sein wird. Jeder Soldat muss daher den Dienstplan lesen und verstehen können.

Das Verwenden von Abkürzungen ist somit nur dann sinnvoll, wenn die Lesbarkeit darunter nicht leidet.

Es ist zweckmäßig, sofern kein PC zur Verfügung steht, das Konzept des Dienstplanes auf einem auf Format DIN A3 vergrößerten Dienstplanformular zu konzipieren. Vorgangsweise:

- Zuerst werden alle einmaligen und alle laufenden Termine eingetragen.
- Dann erfolgt das Festlegen der Ausbildungsinhalte.

Das Einhalten ausbildungsmethodischer Regeln hat Vorrang:

- nicht überfordern;
- einhalten der Reihenfolge von Anlernstufe, Festigungsstufe und Anwendungsstufe;
- keine Lehrsaaltage.

Die Dauer der jeweiligen Ausbildung ist flexibel zu gestalten. Sie ist abhängig von ausbildungsmethodischen Notwendigkeiten. Möglich sind daher:

- Einzelstunden;
- Doppelstunden;
- Halbtagsausbildung;
- Ganztagsausbildung;

- Ausbildung im Lehrsaal: Vor allem bei Rekruten sollten sich reine Lehrsaalunterrichte auf ein Mindestmaß beschränken und zweckmäßigerweise nie länger als zwei Stunden dauern;
- Stationsbetrieb in der Kaserne oder im Gelände;
- Übungen: Diese sind nicht unbedingt in Zusammenhang mit einer finanziellen Abgeltung zu sehen, sondern können auch unter Einhaltung der Normdienstzeit zum Erreichen des Ausbildungszieles führen.

Pausen genau zu regeln, ist die Grundlage für einen geordneten Zeitablauf und Dienstbetrieb. Der Leiter der Ausbildung ist somit dafür verantwortlich. Es legt daher der Einheitskommandant die Pausen ***zwischen den Ausbildungsblöcken*** im Dienstplan fest.

In Ausnahmefällen ist auch eine Delegierung an die Zugskommandanten statthaft. Ein negativer Konkurrenzkampf zwischen den Zügen muss unterbunden werden (keine oder zu lange Pausen).

Eine detailliertere Pausenregelung ist nicht zu befehlen, da z. B. bei der Ausbildung eines Feldkabeltrupps (mehrtägige Bauübung) der FM-Truppe der Truppkommandant allein mit seinen Auszubildenden im Feld ist und der Kompaniekommandant nicht bei allen seinen Trupps gleichzeitig präsent sein kann. Hier ist Vernunft und Selbstständigkeit gefragt.

Eine einfache Pausenregelung ergibt folgenden Zeitrhythmus:

- 50 min Ausbildung und dann
- 10 min Pause.

Bei einem Stationsbetrieb kann, wenn es gilt, die Auszubildenden körperlich zu belasten, auf Pausen verzichtet werden.

Die Mittagspause muss tatsächlich eine Pause sein und darf nicht zu einem Herumstehen in der

„Warteschlange vor der Essensausgabe“

umfunktioniert werden. Ein Einheitskommandant, der auf seine Soldaten schaut, lässt seine Züge zeitlich gestaffelt zur Verpflegungsausgabe marschieren. Die Wartezeit der Soldaten muss sich auf wenige Minuten beschränken.

Gefechtsübungen sind durch Pausen nicht zu unterbrechen, da der Übungsablauf dadurch gestört werden würde. Bei Gefechtsübungen ist daher ein gesicherter Halt mit gefechtsmäßiger Versorgung angebracht.

7.4 Termine, welche die Dienstplanung beeinflussen

Der in der Folge angeführte Zeitaufwand stellt Mittelwerte dar. Bei ausgezeichneter Organisation sind die Zeiten sicher zu unterbieten. Wesentlich ist das

Vermeiden von Stehzeiten

Die in Tabelle 7.2, Seite 247 f., angeführten Tätigkeiten sind mit anderen Tätigkeiten oder Ausbildungsvorhaben zu koordinieren.

Beispiel:

Die Züge einer Einheit haben gleichzeitig, aber im Wechsel, Brandschutzbelehrung und Waffenausbildung. Das Schwergewicht hat zweifellos auf der Waffenausbildung zu liegen, der Zeitbedarf der beiden Ausbildungen ist aber so aufeinander abzustimmen, dass der Zeitrahmen voll genützt wird und Stehzeiten vermieden werden.

Am Beispiel „Ausfassen der Bekleidung“:

Nicht ein ganzer Zug wartet vor dem Bekleidungsmagazin, sondern höchstens ein Halbzug. Im Bekleidungsmagazin sind die Bekleidungssorten so platziert, dass die Ausgabe nicht mit zeitaufwändigen Umwegen verbunden ist. Das Anpassen von Schuhen soll mit aufgenommenem, voll gepacktem Rückengepäck geschehen. So ergibt sich für die Füße die realistische Belastung. Schuhumtausch kann dadurch oft vermieden werden.

Wesentlich ist dabei:

Einhalten des Dienstplanes!
Kein Leerlauf!

Das Soldatensprichwort
„Die halbe Zeit seines Lebens wartet der Soldat vergebens."
darf sich nicht bewahrheiten!

Folgend ein erprobter Zeitanhalt für die jeweiligen einmaligen und laufenden Termine einer Rekrutenausbildung.

Dienstplan - Einmalige Termine	
Tätigkeit	**Zeit**
Zuweisung der Unterkunft und Ausfassen der Bettwäsche und des Unterkunftsgerätes	0,5 Std
Einkleiden, Ausfassen und Handhabung der Rüstung	4 Std
Ausfassen von Waffen und Ausrüstung	2 Std
Kasernrundgang	1 Std
Voruntersuchung	2 Std

Dienstplan - Einmalige Termine	
Tätigkeit	**Zeit**
Hauptuntersuchung	4 Std
AIDS-Aufklärung mit Film	2 Std
Impftermine (FSME, Tetanus)	1 Std
Blutspenden mit Dienstfreistellung	11 Std
Begrüßung durch Einheits- und Truppenkommandanten	2 Std
Belehrung durch DfUO, NUO, WiUO, SanUO (z. B. Personaldatenerhebung, Fahrtkostenzuschuss)	4 Std
Fotografieren	1 Std
Sozialrechtliche Belehrung	2 Std
Zivilschutzunterweisung	4 Std
Brandschutzbelehrung	1 Std
Angelobung, Vorüben, Durchführung, Dienstfreistellung	14 Std
Auswahltestung für Systemerhalter	1 Std
Auswahltestung für Kraftfahrer	3 Std
Information durch den S3	1 Std
Information über VOREIN	2 Std
Werbevortrag der Versicherung	AN 1 Std
Belehrung über die Pilotenlaufbahn	0,25 Std
Belehrung über die EF-Laufbahn (Maturanten)	0,25 Std

Dienstplan - Einmalige Termine	
Tätigkeit	**Zeit**
Soldatenvertreterwahl; Belehrung und Durchführung	1 Std
Leben im Felde; im 2. Ausbildungsmonat	2-3 Ausb-Tage
Einnahme des WBA-Profiles, Durchführung der Versetzungen innerhalb des Truppenkörpers und die damit verbundenen Versorgungstätigkeiten	8 Std
Hauptdichteprüfung (ABC-Schutzmaske)	1 Std
Röntgenreihenuntersuchung	1 Std
Sicherheitsbelehrung (Festlegung des Personenkreises und der Durchführenden durch den KpKdt)	1 Std
Ausbildung für den Assistenzeinsatz/Grenzsicherung	12 Std
Wählerversammlungen für PV-Wahlen	2 Std
Tag der Angehörigen	5 Std
Jahreshauptversammlung der UOG	3 Std
Umweltschutztag	gem. Befehl

Dienstplan - Laufende Termine	
Tätigkeit	**Zeit**
Belehrung durch die Zugskommandanten (wöchentlich)	1 Std
Gleichbleibende Nachtausbildungszeit (wöchentlich)	6 Std
Schießtage	ca. 20 Tage

Dienstplan - Laufende Termine	
Tätigkeit	**Zeit**
Gleichbleibende monatliche Übung unter Beachtung finanzieller Einschränkungen 3. - 6. Ausbildungsmonat	36 - 48 Std
wie oben im 7. Ausbildungsmonat	60 - 96 Std
Benützungszeit des Garnisonsübungsplatzes (wöchentlich)	ca. 2 Tage
Benützungszeit des Truppenübungsplatzes (je Turnus)	ca. 2 x 1 Woche
Kaderausbildung beim vorgesetzten Kommando	ca. 3 Tage
Vorbereitung von Waffenübungen	ca. 3 Tage
Lebenskundlicher Unterricht (monatlich)	2 Std
Monatsgeldauszahlung	AN 0,5 Std
Leibwäschetausch	AN 0,5 Std
Bettwäschetausch und Decken ausstauben	AN 0,5 Std
Säubern der Bekleidung und Rüstung	AN 1 Std
Wöchentliche Materialerhaltung von Zugsgerät, der nicht persönlichen Bewaffnung (MG, s-Waffen) und der Kfz	4 Std
Wöchentliche Flaggenparade	0,5 Std
Tägliche Standeskontrolle und Befehlsausgabe	0,5 Std

Abb. 7.1, 7.2.

Anmerkung: „AN“ in den Tabellen bedeutet: „ausserhalb der Normdienstzeit“.

Bildnachweis

Der Großteil der Fotos und Skizzen wurde vom Autor beigestellt. Ferner sind Abbildungen entnommen von:

ABC-Abwehrschule; Apologia 6/94; ARGES; Ausbildungsvorschrift für Pioniere, IX. Teil;

Bundesarchiv: Seite 149; aus "Österreich II, Wiedergeburt unseres Staates";

Bundesministerium für Landesverteidigung, Presse und Informationsdienst;

Das Schwarze Barett, Zeitschrift der Panzertruppenschule; Der Offizier, Zeitschrift der Österreichischen Offiziersgesellschaft; Deutsche Demokratische Republik (ehem.), „Abenteuer Fallschirmspringen"; Dienstvorschrift für das Bundesheer „2-cm-FlAK"; Dienstvorschrift für das Bundesheer „Allgemeiner Gefechtsdienst" 1978; Dienstvorschrift für das Bundesheer „Die Jägergruppe"; Dienstvorschrift für das Bundesheer „Scharfschützengewehr 69"; Dienstvorschrift für das Bundesheer „Schießen mit Festen Anlagen"; Dienstvorschrift für das Bundesheer „Tabellarische Schießtafeln";

Fliegerdivision, Jagdbombergeschwader; Full Metal Jacket, Spielfilm, USA;

Gärtner Heinz, Oberst;

ISC; Israeli Aircraft Industries;

JSC Kurganmashzavod;

Kazan Helicopter; KBP Russian Federation; Krauss Maffei; Kulischek, Vizeleutnant; Kurowsky Franz, Deutsche Fallschirmjäger;

Lehrtafel Sowjetarmee;

McDonnel Douglas; Military Technology, Nr. 2, 3, aus 1993, Nr. 2, 3, 4, 8 aus 1995, Nr. 3 aus 1996; Mönch; Mönch Archive; Motorbuchverlag; Moderne Artilleriesysteme 1996;

Oberösterreichische Nachrichten; ORF; Österreichische Militärkarte;

Pilch, Oberst; Portisch Hugo, Riff Sepp, Österreich II, 1985;

Riff Sepp, Portisch Hugo, Österreich II, 1985; Rockenschaub, Vizeleutnant;

Sagem; Sams, Oberst; Santa Barbara; Sharon Sadeh; Soldat & Technik; Sowjetischer Rundfunk (ehem.); Steyr Daimler Puch AG; Steyr Mannlicher;

Technologia Militar, Nr. 1 aus 1995 und Nr. 1 aus 1996; TRUPPENDIENST, Diverse Ausgaben;

Verlag Burda, Der II Weltkrieg im Bild, 1952; Verlag Chronik, Die Chronik Österreichs; Verlag Kurt Desch, Das Dritte Reich, 1964; Verlag A. F. Koska, Freiheit in Sicherheit; Verlag Karl Müller, Enzyklopädie der Handfeuerwaffen;

Wehrtechnik, Nr. 7 aus 1996; Widhofner, Hauptmann; Wiener, HR Dr. Friedrich; Windhager, Hauptmann; World Defense Almanac;

ZDF; ZTS Martin.

Trotz sorgfältiger Recherche konnten nicht alle Urheber ermittelt werden. Es wird gegebenenfalls um Mitteilung gebeten.

Anhang

Inhaltsübersicht Band 43B und Band 43C

15. Verteidigung

15.1 Angriffsverfahren

15.1.1 Anzeichen für einen geplanten Angriff

15.1.2 Wirkung der feindlichen Artillerie

15.1.3 Anhalt für die Gefechtsbreiten eines angreifenden mechanisierten Verbandes

15.1.4 Angestrebte Überlegenheit des angreifenden Verbandes gegenüber dem Verteidiger

15.1.5 Schematische Darstellung eines verstärkten Panzergrenadierbataillons im Angriff

15.2 Gefechtsbreiten in der Verteidigung

15.2.1 Anhalt für Gefechtsbreiten

15.2.2 Anhalt für Feuerstellungsräume

15.3 Wahl der Verteidigungsstellung

15.3.1 Stellung im Infanteriegelände

15.3.2 Erkundung und Beurteilung des Geländes

15.3.3 Durchführung der Erkundung

15.4 Raumordnung der Verteidigung

15.4.1 Verteidigung einer verstärkten Jägerbrigade

15.4.2 Verteidigung eines verstärkten Jägerbataillons

15.5 Stellungsformen

15.5.1 Verteidigung aus Stützpunkten

15.5.2 Lage der Stützpunkte

15.5.3 Ziel der stützpunktartigen Verteidigung

15.5.4 Größe und Anzahl der Stützpunkte

15.6 Waffeneinsatz aus einem Stützpunkt

15.6.1 Panzerabwehrwaffen im Stützpunkt

15.6.2 Jäger im Stützpunkt

15.7 Panzer- und Infanteriesperren

16.2.2 Bedeutung der Zustandsbezeichnungen

16.2.3 Befehlen des Zustandes

16.3 Kampf um eine Sperre

16.3.1 Einfluss der Sperre auf die Wahl der Stellung

16.3.2 Feuereröffnung an der Sperre

16.3.3 Verteidigung einer Sperre

16.4 Besonderheiten einer Baumsperre

16.4.1 Baumsperre in einem Straßeneinschnitt

16.4.2 Baumsperre im ebenen Waldgelände

16.4.3 Nachteile einer Baumsperre

16.4.4 Baumsperre am Vorderen Rand der Verteidigung (VRV)

16.5 Trainingsprogramm und Arbeitsplanung

16.5.1 Beispiel Sprengsperre

16.5.2 Arbeitsweise des Pioniergruppenkommandanten

16.5.3 Zeitanhalt

TRUPPENDIENST-TASCHENBÜCHER

Lieferbare Bände:

Band 1:

Humanitäts-, Kriegs- und Neutralitätsrecht sowie Kulturgüterschutz

Ein Leitfaden durch das Völkerrecht für die Truppe

ISBN 3-901183-00-0 (1. Aufl. 1991); S 75,- (€ 5,50)

Band 2B:

Fremde Heere - Die Streitkräfte der Warschauer-Pakt-Staaten

Waffen, Gerät, Uniformen

ISBN 3-901183-02-7 (3-7008-0382-8) (8. Aufl. 1990); reduzierter Preis: S 75,- (€ 5,50)

Band 5:

Geländekunde

ISBN 3-901183-22-1 (4. Aufl. 1991); S 75,- (€ 5,50)

Band 7:

Der Erste Weltkrieg

ISBN 3-901183-04-3 (2. Aufl. 1981); S 95,- (€ 6,90)

Band 9:

Kartenkunde

ISBN 3-901183-23-X (5. Aufl. 2001)

Band 10:

Fremde Heere - Die Armeen der neutralen und blockfreien Staaten Europas

ISBN 3-901183-05-1 (4. Aufl. 1986); reduzierter Preis: S 75,- (€ 5,50)

Band 16:

Gefechtsbeispiele aus dem Zweiten Weltkrieg

ISBN 3-901183-06-X (1. Aufl. 1971); S 95,- (€ 6,90)

Band 18:

Ausbildungspraxis

ISBN 3-901183-07-8 (3-9500-004-1-0) (3. erweit. Aufl. 1990); S 95,- (€ 6,90)

Band 19:

Geschichte des europäischen Kriegswesens (I)

ISBN 3-901183-08-6 (1. Aufl. 1972); S 68,- (€ 5,00)

Band 20:

Granatwerfer - Einsatz und Ausbildung

ISBN 3-901183-09-4 (2. Aufl. 1991); S 95,- (€ 6,90)

Band 22:

Die Nachkriegszeit 1918 - 1922

ISBN 3-901183-10-8 (1. Aufl. 1973); S 90,- (€ 6,50)

Band 23:

Taktische Übungen für Kompanie und Zug

ISBN 3-901183-11-6 (2. Aufl. 1983); S 80,- (€ 5,80)

Band 24:

Geschichte des europäischen Kriegswesens (II)

ISBN 3-901183-12-4 (1. Aufl. 1974); S 90,- (€ 6,50)

Band 26:

Partisanenkampf am Balkan

ISBN 3-901183-13-2 (2. Aufl. 1987); S 90,- (€ 6,50)

Band 28:

Stabsdienst im kleinen Verband

Stabsarbeit im Einsatz

ISBN 3-901183-14-0 (1. Aufl. 1979); S 95,- (€ 6,90)

Band 29:

Handbuch für Soldaten im Dienst der Vereinten Nationen

ISBN 3-901183-15-9 (1. Aufl. 1985); S 80,- (€ 5,80)

Band 31:

Waffentechnik I

Rohr-, Lenkwaffen, Flugkörper, Ballistik, Zielen, Richten

ISBN 3-901183-17-5 (1. Aufl. 1994); S 148,- (€ 10,70)

Band 32:

Waffentechnik II

Munition

ISBN 3-901183-18-3 (1. Aufl. 1996); S 258,- (€ 18,70)

Band 33:

Allgemeiner Stabsdienst

Ein Beitrag zur Organisationskultur

ISBN 3-901183-19-1 (2. Aufl. 1997); S 120,- (€ 8,70)

Band 34A:

Fremde Heere - Die Streitkräfte der Staaten des Nahen Ostens und Nordafrikas

Staaten und Streitkräfte

ISBN 3-901183-20-5 (1. Aufl. 1994); S 240,- (€ 17,40)

Band 34B:

Fremde Heere - Die Streitkräfte der Staaten des Nahen Osten und Nordafrikas

Regionale Organisationen, Konflikte und deren Ursachen

ISBN 3-901183-21-3 (1. Aufl. 1995); S 195,- (€ 14,20)

Band 34C:

Fremde Heere - Die Streitkräfte der Staaten des Nahen Ostens und Nordafrikas

Waffen und Gerät I

ISBN 3-901183-28-0 (1. Aufl. 1995); S 165,- (€ 12,00)

Band 34D:

Fremde Heere - Die Streitkräfte der Staaten des Nahen Ostens und Nordafrikas

Waffen und Gerät II

ISBN 3-901183-29-9 (1. Aufl. 1995); S 98,- (€ 7,10)

Band 35:

Führungs- und Organisationslehre I

Methodisches Vorgehen und Arbeitstechniken

ISBN 3-901183-24-8 (1. Aufl. 1997); S 215,- (€ 15,60)

Band 36:

Führungs- und Organisationslehre II

Führungsverhalten - Ringen um den idealen Führungsstil

ISBN 3-901183-25-6 (1. Aufl. 1998); S 185.- (€ 13,40)

Band 37:

PC-Praxis für die Truppe

ISBN 3-901183-26-4 (1. Aufl. 1997); S 298,- (€ 21,60) (Arbeitsbehelf und Ratgeber für jeden PC-Benutzer im Rahmen der 3. VE.)

Band 38:

PC-Praxis für die Truppe - New Technology

ISBN 3-901183-36-1 (1. Aufl. 2000); S 298,- (€ 21,60)

Band 39:

Gefechtsbeispiele II

Naher Osten, Falkland, Golf-Region, Somalia

ISBN 3-901183-35-3 (1. Aufl. 1998); S 148,- (€ 10,70)

Band 40A:

Technologie der Panzer I

Entwicklungsgeschichte, Panzerschutz, Konfiguration

ISBN 3-901183-32-9 (1. Aufl. 1998); S 148,- (€ 10,70)

Band 40B:

Technologie der Panzer II

Bewaffnung, Munition, Ziel- und Sichtgeräte, Feuerleit- und Richtanlagen, Panzerabwehrflugkörper

ISBN 3-901183-33-7 (1. Aufl. 1999); S 148,- (€ 10,70)

Band 40C:

Technologie der Panzer III

Beweglichkeit auf dem Gefechtsfeld, Panzermotoren, Lenkgetriebe, Federung und Laufwerk, Bodenmechanik

ISBN 3-901183-34-5 (1. Aufl. 2000); S 148,- (€ 10,70)

Band 45:

Geiselhaft und Kriegsgefangenschaft

Opfer - Täter - Überlebensstrategien

ISBN 3-901183-37-X (1. Auflage 2001); S 275,- (€ 20,00)

In Vorbereitung:

Band 43B und 43C: Taktik und Ausbildung, Band 17A: Elektronische Kampfführung I.

Notizen